N

神物品

主编 / 佳图文化

95

中国特色小镇

U0215331

中国林业出版社

NH 新楼盘 NEW HOUSE 图解地产设计

2017年 总第95期

指导单位: 亚太地产研究中心
中国花卉园艺与园林绿化行业协会

出品人: 杨小燕
主编: 王志
编辑记者: 唐秋琳、胡明俊、谭嘉灏
特约编辑: 方立平
设计总监: 杨先周、何其梅
美术编辑: 马尚枫

国内推广: 广州佳图文化传播有限公司
广州佳品信息科技有限公司

市场总监: 周中一
市场部: 熊光、王迎、王成林、刘能、龙昱

《新楼盘》学术顾问专家

朱雪梅　广东工业大学建筑与城市规划学院院长

赵红红　华南理工大学广州学院建筑学院院长

倪　阳　华南理工大学建筑设计研究院副院长

肖毅强　华南理工大学教授博士生导师

陆　琦　华南理工大学教授

王向荣　北京林业大学园林学院教授

覃　力　深圳大学建筑与城市规划学院教授

《新楼盘》地产顾问专家

黄宇奘　碧桂园集团/副总裁

朱　宣　龙光地产 副总裁

朱晓涓　证大 副总裁

宋光辉　富力地产常务 副院长

胡剑虹　上海城投置地（集团）有限公司 副总经理

居培成　万科集团上海区域总建筑师兼万晟产品能力中心 总经理

易利军　上海万科安亭新镇项目总经理

张开发　首创置业股份有限公司上海浦东项目公司 副总经理

王喜峰　合景泰富苏州公司 副总经理

寿　东　杭州鲁能置业有限公司 设计总监

甘　来　中梁地产集团产品研发中心 总经理

《新楼盘》设计顾问专家

冼剑雄　广州瀚华建筑设计有限公司 董事长

刘萍昌　广州华森建筑与工程设计顾问有限公司 总经理

盛宇宏　汉森伯盛设计集团 董事长

邱慧康　深圳市立方建筑设计顾问有限公司 董事长

林世彤　西迪国际/CDG国际设计机构 董事长

彭　涛　GVL怡境国际设计集团 总裁

李宝章　奥雅设计集团 首席设计师

朱　晨　深圳市万漪环境艺术设计有限公司 董事长

陈圣浩　上海印派森园林景观股份有限公司 总经理

盛叶夏树　阿拓拉斯（北京）规划设计有限公司 设计总监

图书在版编目（CIP）数据

中国特色小镇 / 佳图文化主编. -- 北京：中国林
业出版社, 2017.8
ISBN 978-7-5038-9209-7

Ⅰ.①中… Ⅱ.①佳… Ⅲ.①小城镇－建筑设计－中
国 Ⅳ.①TU984.2

中国版本图书馆CIP数据核字(2017)第175981号

THE ROAD TO CHARACTERISTIC TOWNS

特色小镇之路

　　最近一年来中国特色小镇特别热，全国各地争相申报，不到一年的时间已经先后有两批共计403个特色小镇获批。按照此前住建部等三部委共同发布的《关于开展特色小镇培育工作的通知》，到2020年，将培育1000个左右各具特色、富有活力的休闲旅游、商贸物流、现代制造、教育科技、传统文化、美丽宜居等特色小镇，引领带动全国小城镇建设，不断提高建设水平和发展质量。

　　由此中国特色小镇还会继续热下去，毕竟新型城镇化的目标在于通过破除城乡二元发展体制，促进城乡一体化的发展，最终实现整个社会的均衡发展。而特色小镇的建设将对促进区域经济的转型升级、城乡均衡发展产生重大的意义。

　　我们希望在这次特色小镇热潮洪流中作出我们的一点观察与思考，我们试图从特色小镇的方方面面做出一些整理和归纳，以及通过一些具体的有代表性的实施案例，通过这些能给从事于特色小镇工作的人一些珍藏资料及一点启发，那我们的目的也就达到了。最后附上最早发源于浙江的特色小镇的一段诠释很有代表性：

　　特色小镇不是行政区划单元上的"镇"，也不同于产业园区、风景区的"区"，而是按照创新、协调、绿色、开放、共享发展理念，结合自身特质，找准产业定位，科学进行规划，挖掘产业特色、人文底蕴和生态禀赋，形成"产、城、人、文"四位一体有机结合的重要功能平台。

王志

jiatu@foxmail.com

副理事长单位 DEPUTY CHAIRMAN (排名不分先后)

 华森建筑与工程设计顾问有限公司 刘萍昌 广州公司总经理
地址：深圳市南山区滨海之窗办公楼6层
　　　广州市越秀区德政北路538号达信大厦26楼
http://www.huasen.com.cn

 广州瀚华建筑设计有限公司 冼剑雄 董事长
地址：广州市天河区黄埔大道中311号羊城创意产业园2-21栋
http://www.hanhua.cn

 棕榈设计有限公司 张文英 董事长
地址：广州市天河区马场路庆亿街3号珠光新城国际中心B座6-7楼
http://www.palmdesign.cn

常务理事单位 EXECUTIVE DIRECTOR OF UNIT (排名不分先后)

 天萌国际设计集团 陈宏良 总建筑师
地址：广州市天河区员村四横路128号红专厂F9栋天萌建筑馆
http://www.teamer-arch.com

 奥雅设计集团 李宝章 首席设计师
深圳总部地址：深圳蛇口南海意库5栋302
http://www.aoya-hk.com

 GVL怡境国际设计集团 彭涛 执行董事、总裁
地址：广州市珠江新城华夏路49号津滨腾越大厦南塔8-9楼
http://www.gvlhk.com

 博地设计机构 曹一勇 总设计师
地址：北京市海淀区中关村南大街31号神舟大厦8层
http://www.buildinglife.com.cn

 深圳市雅蓝图景观工程设计有限公司 周敏 执行董事
地址：深圳市南山区南海大道2239号新能源大厦A座6D
http://www.yalantu.com

 香港华艺设计顾问（深圳）有限公司 林毅 总建筑师
地址：深圳市福田区华富路航都大厦14、15楼
http://www.huayidesign.com

 北京新纪元建筑工程设计有限公司 曾繁柏 董事长
地址：北京市海淀区小马厂6号华天大厦20层
http://www.bjxinjiyuan.com

 上海海意建筑设计有限公司 江海滨 设计总监
地址：上海市杨浦区翔殷路1088号凯迪金融大厦10楼
http://www.HY-design.com

 深圳市万漪环境艺术设计有限公司 朱晨 董事 / 设计总监
地址：深圳市福田保税区广兰道6号深装总大厦5楼525室
http://www.ttrsz.com

汉森伯盛国际设计集团 盛宇宏 董事长、总建筑师
地址：广州市体育西路123号新创举大厦8楼
http://www.sp-arch.cn

 上海天隐建筑设计有限公司 陈锐 执行董事
地址：上海市杨浦区国康路100号国际设计中心1402室
http://www.skyarchdesign.com

 上海魏玛景观规划设计有限公司 贺旭华 总经理
地址：上海市黄浦区北京东路668号科技京城东楼24B
http://www.weimargroup.com

上海印派森园林景观股份有限公司 陈圣浩 总经理/项目总监
地址：上海市闵行区虹许路408号虹欣大厦602-603室
http://www.artecohk.com

深圳市杰弗瑞景观设计有限公司 朱福铃 设计总监
地址：深圳市南山区蛇口兴华路6号南海意库2栋513房
www.jeffreysz.com

协办单位 CO—ORGANIZER (排名不分先后)

深圳市东大建筑设计有限公司
地址：深圳市深南中路6031号杭钢富春商务大厦8楼
http://www.seusz.com

理事单位 COUNCIL MEMBERS (排名不分先后)

北京奥思得建筑设计有限公司 杨承冈 董事总经理
地址：北京朝阳区东三环中路39号建外SOHO16号楼2903~2905
TEL：86-10-58692509/19/39 FAX：86-10-58692532

上海天合润城景观规划设计有限公司 马志刚 创始合伙人
地址：上海市杨浦区四平路1398号同济联合广场B座1702室
http://www.hosiad.com

西迪国际/CDG国际设计机构 林世彤 董事长/总裁
地址：北京市朝阳区望京SOHO T3B座9层
http://www.cdgcanada.com

上海秉仁建筑师事务所（普通合伙） 蔡沪军 总经理
地址：上海大连路950号海上海8号楼1309室
http://www.ddb.net.cn

广州邦景园林绿化设计有限公司 谢锐何 董事及设计总监
地址：广州市天河区天源路804号萌芽1968创意产业园A7-02号
http://www.bonjinglandscape.com

TERRA丹瑞国际工程设计咨询集团 王男 总裁/首席设计师
地址：北京市朝阳区静安东里国门大厦C座2层
http://www.terragroup.cn

广州汉克建筑设计有限公司 娄东明 执行董事
地址：广州市海珠区东晓路雅墩街6号东晓大厦首层北侧
http://www.hnkchina.com

美国MOD(墨达)建筑规划设计事务所 林小波 合伙人 设计总监
地址：上海闸北区光复路423号后座苏河会所6楼
http://www.mod-ar.com

普利斯设计咨询（上海）有限公司 MARK BURGESS 中国区执行董事
地址：上海市静安区常德路800号5号楼5楼
http://www.placedesigngroup.com.cn

河南中科建筑规划设计有限公司 梁斌 总经理
地址：郑州市陇海中路50号慧丰大厦6楼
http://www.zksjy.com

上海华策建筑设计事务所有限公司 江贤平 总经理
地址：上海市黄浦区中山南路28号8楼
http://www.hcaspace.com

上海易境景观规划设计有限公司 孙旭阳 总监、刘琨 总监
地址：上海杨浦区大连路970号海上海9号楼1602室
E—mail：egsdesign@163.com

阿拓拉斯（北京）规划设计有限公司 盛叶夏树 设计总监
地址：北京市海淀区知春路盈都大厦B座9层
http://www.atlaschina.com.cn

广州市圆美环境艺术设计有限公司 吴应忠 董事/设计总监
地址：广州市海珠区江南大道中110号705室
http://www.gzyuanmei.com

深圳市太合南方建筑室内设计事务所 王五平 董事/设计总监
地址：深圳市罗湖区红岭中路建设集团大厦A座2705
www.szthnf.com

广州瑞迅建筑设计有限公司 唐才胜 董事长/总经理
地址：佛山市南海区桂城桂平西路8号金御华府主入口10层
http://www.ruixun55.com

目录

全方位解读什么是中国特色小镇建设

● 导语:特色小镇,作为加快新型城镇化建设的一个重要突破口,是今年从中央到地方都在大力推进的重要任务。本文从中央和地方政策、先进经验等多个方面详细对特色小镇进行解读,供大家参考。

○ 10月,住建部公布了第一批中国特色小镇名单,进入这份名单的小镇共有127个,其中浙江8镇入选,位列榜首,其次,江苏、山东和四川各有7镇入选。

一、特色小镇的由来

○ 特色小镇此轮大火始于浙江,继而在全国迅速发展,但特色小镇并非浙江原创,北京、天津、黑龙江、云南、江西南昌等地都曾提出建设特色(小)城镇并在持续培育。

○ 2016年2月份,国家发改委出面组织了一场特色小镇的专题发布会,浙江、贵州两省特色小镇具体负责人谈了相关经验,浙江、贵州被视为特色小镇发展的典型地区,伴随中央的肯定与推广,特色小镇迅速推广,多地开花。

○ 特色小镇现在并无明确的概念定义,但按照住建部、发改委、财政部关于开展特色小镇培育工作的通知,特色小镇应具有特色鲜明、产业发展、绿色生态、美丽宜居的特征。

○ 在浙江,特色小镇不是行政区划单元上的“镇”,也不同于产业园区、风景区的“区”,而是按照创新、协调、绿色、开放、共享发展理念,结合自身特质,找准产业定位,科学进行规划,挖掘产业特色、人文底蕴和生态禀赋,形成“产、城、人、文”四位一体有机结合的重要功能平台。其要求,规划空间要集中连片,规划面积控制在3平方公里左右,建设面积控制在1平方公里左右,建设面积不能超出规划面积的50%。

○ 入选第一批特色小镇的杭州市桐庐县分水镇——中国制笔之乡

○ 由于地域辽阔,各地经济背景迥异,特色小镇在不同省份、地方也有不同的模式和界定方式,2016年8月份,中央要求各省上报首批特色小镇推荐名单,32个省市区共计159个名额。最终,在各地推荐的基础上,经专家复核,由国家发展改革委、财政部以及住建部共同认定得出第一批127个中国特色小镇名单。

○ 2017年7月27日,住建部网站发布《关于拟公布第二批全国特色小镇名单的公示》,公布了全国第二批特色小镇名单。

○ 住建部表示,在各地择优推荐的基础上,经现场答辩、专家审查,拟将北京市怀柔区雁栖镇等276个镇认定为

第二批全国特色小镇。

○ 这意味着第二批特色小镇名单比第一批翻番。

二、中央、地方政策齐发力,助推特色小镇快速发展

(一)、中央篇

○ 2016年2月,《关于深入推进新型城镇化建设的若干意见》提出,加快特色镇发展,发展具有特色优势的休闲旅游、商贸物流、信息产业、先进制造、民俗文化传承、科技教育等魅力小镇。

○ 2016年3月,《国民经济和社会发展第十三个五年规划纲要》提出,加快发展中小城市和特色镇,因地制宜发展特色鲜明、产城融合、充满魅力的小城镇。

○ 2016年7月,《住房城乡建设部、国家发展改革委、财政部关于开展特色小镇培育工作的通知》提出,到2020年,培育1000个左右各具特色、富有活力的休闲旅游、商贸物流、现代制造、教育科技、传统文化、美丽宜居等特色小镇。约占全国建制镇的5%。

○ 2016年8月,《关于做好2016年特色小镇推荐工作的通知》,要求全国32个省市区推荐上报特色小镇。

(二)、地方篇

1、浙江

○ 2015年4月,浙江省政府就出台了《浙江省人民政府关于加快特色小镇规划建设的指导意见》,正式确立以特色小镇作为近期工作抓手的施政新思路,对特色小镇的创建程序、政策措施等做出了规划,提出重点培育和规划建设100个左右的特色小镇。浙江省省长李强多次围绕特色小镇发表署名一文。2014年10月,他在参观全国首个云计算产业生态小镇——杭州西湖区云栖小镇时首次公开提及“特色小镇”。

2017年04月

- **住建部** 2017-04-01
  住房城乡建设部 中国建设银行关于推进商业金融支持小城镇建设的通知
- **宁夏回族自治区** 2017-04-01
  自治区党委办公厅 人民政府办公厅印发《关于加快特色小镇建设的若干意见》的通知
- **北京市** 2017-04-28
  关于进一步促进和规范功能性特色小城镇发展有关问题的通知

2017年05月

- **发改委** 2017-05-09
  体育总局办公厅关于推动运动休闲特色小镇建设工作的通知
- 2017-05-15
  千企千镇工程实施导则
- **住建部** 2017-05-26
  住房城乡建设部办公厅关于做好第一批全国特色小镇推荐工作的通知

2017年06月

- 2017-06-09
  关于组织开展农业特色互联网小镇建设工作的通知
- **海南省** 2017-06-09
  海南省人民政府关于印发海南省特色产业小镇发展基金设立方案的通知
- **广东省** 2017-06-12
  广东省发展改革委 广东省科技厅 广东省住房城乡建设厅关于印发加快特色小（城）镇建设指导意见的通知
- **海南省** 2017-06-15
  海南省人民政府关于印发海南省特色产业小镇建设三年行动计划的通知
- **安徽省** 2017-06-30
  安徽省人民政府关于加快推进特色小镇建设的意见

2017年07月

- **住建部** 2017-07-04
  国家林业局办公室关于开展森林特色小镇建设试点工作的通知
- **住建部** 2017-07-07
  住房城乡建设部关于保持和彰显特色小镇特色若干问题的通知
- 2017-07-27
  关于拟公布第二批全国特色小镇名单的公示

2、贵州

○ 2012年底，贵州出台《关于加快推进小城镇建设的意见》，初步确定到2015年建成100个各具特色的示范小城镇；"十三五"期间，贵州省将紧紧围绕"特色"打造小城镇升级版，继续支持100个示范小城镇建设发展，带动全省1000多个小城镇同步小康。

3、北京

○《北京市"十三五"时期城乡一体化发展规划》提出，"十三五"期间，北京将在原有42个重点小城镇的基础上，结合各小镇不同区位条件，规划建设一批功能性特色小城镇。

4、上海

○《关于金山区加快特色小镇建设的实施意见》，提出要在全市率先加快推进特色小镇建设，力争到"十三五"末，初步培育形成一个产业特色鲜明、体制机制灵活、人文气息浓厚、生态环境优美、多种功能叠加的上海特色小镇群落。

5、广州

○ 广州提出，到2020年将建成约100个省级特色小镇，特色小镇的产业发展水平、创新发展能力、吸纳就业能力和辐射带动能力显著提高，成为新的经济增长点。

6、深圳

○《提升城市发展质量的决定》提出，坚持组团式布局和产城融合，大力推进有质量的深度城市化，特别是把发展特色小镇作为提升城市品位、丰富城市内涵、完善城市功能的重要着力点。

7、江苏

○ 2020年前，力争形成100个左右特色鲜明的"特色小镇"和100个左右富有活力的重点中心镇，小城镇的环境面貌普遍改善。

8、天津

○ 天津市政府办公厅发布《天津市特色小镇规划建设工作推动方案》。根据该《方案》，到2020年，天津市将创建10个市级实力小镇、20个市级特色小镇，在现代产业、民俗文化、生态旅游、商业贸易、自主创新等方面竞相展现特色，建设成一镇一韵、一镇一品、一镇一特色的实力小镇、特色小镇、花园小镇。

9、重庆

○ 2016年7月，《关于培育发展特色小镇的指导意见》决定，在具有较好城镇化基础和潜力的地区培育和发展一批特色小镇，力争在"十三五"期间建成30个左右在全国具有一定影响力的特色小镇示范点，推动形成一批产城融合、集约紧凑、生态良好、功能完善、管理高效的特色小镇。

10、成都

○ 成都正研究起草《关于深化"百镇建设行动"、培育创建特色镇的指导意见》，进一步明确到2020年小城镇建设的主要目标和任务，制定未来几年"百镇建设行动"实施的路线图。

11、福建

○ 2016年6月发布的《福建省人民政府关于开展特色小镇规划建设的指导意见》提出，务实、分批推进特色小镇规划建设，力争通过3～5年的培育创建，建成一批产业特色鲜明、体制机制创新的特色小镇。

12、山东

○ 2016年9月发布的《山东省创建特色小镇实施方案》提出，到2020年，创建100个左右产业上"特而强"、机制上"新而活"、功能上"聚而合"、形态上"精而美"的特色小镇，成为创新创业高地、产业投资洼地、休闲养生福地、观光旅游胜地，打造区域经济新的增长极。

（三）国内外特色小镇的典型案例借鉴

FOREIGN CASE国外篇

○ 以下几个国外小镇被国内施政者及项目单位频繁提及，是不少国内特色小镇的参考对象。

农业小镇——美国纳帕谷

○ 纳帕谷（Napa Valley）位于旧金山以北约50英里，是美国第一个世界级葡萄酒产地。纳帕谷是一块35英里长，5英里宽的狭长区域，除了酒庄和几个小镇，整条山谷内种满了葡萄。

○ 纳帕谷风景优美、自然淳朴，现在已不单单是酒庄的集中区，已经成为一个以葡萄酒酒文化、庄园文化而负

有盛名的旅游胜地，包含了品酒、餐厅、SPA、婚礼、会议、购物及各种娱乐设施的综合性度假区，目前每年接待世界各地的游客500万人次左右。

文旅小镇——瑞士达沃斯小镇

○ 达沃斯小镇位于瑞士东南部格里松斯地区，隶属格劳宾登州，坐落在一条17公里长的山谷里，靠近奥地利边境，是阿尔卑斯山系最高的小镇。

○ 达沃斯拥有欧洲最大的天然溜冰场，冬天还可以在此滑雪、滑冰、进行丰富多彩的活动。另外，这里还是阿尔卑斯山中一块因空气洁净清爽而大受好评的地区。20世纪初这里设立了呼吸系统疾病的治疗所，奠定了现今酒店业发展的基础。除此之外，世

2016-10-20

关于印发天津市加快特色小镇规划建设导引意见的通知

2016年11月

2016-11-16

甘肃省

关于加快特色小镇规划编制工作的通知

2016年12月

上海市

发改委

关于开展上海特色小（城）镇培育与2017年申报工作的通知

2016-12-12

关于实施"千企千镇工程"推进美丽特色小（城）镇建设的通知

2016-12-12

江西省

江西省人民政府关于印发江西省特色小镇建设工作方案的通知

2016-12-20

江苏省

省政府关于培育创建江苏特色小镇的指导意见

2016-12-30

湖北省

湖北省人民政府关于加快特色小（城）镇规划建设的指导意见

2016-12-30

2017年01月

发改委

2017-01-13

国家发展改革委 国家开发银行关于开发性金融支持特色小（城）镇建设促进脱贫攻坚的意见

2017年02月

2017-02-22

江苏省

江苏省发展改革委关于印发《关于培育创建江苏特色小镇的实施方案》的通知

2017-02-24

陕西省

陕西省发展和改革委员会关于加快发展特色小镇的实施意见

2017年03月

吉林省

2017-03-09

吉林省住房和城乡建设厅关于开展吉林省特色小镇培育的通知

云南省

2017-03-30

云南省人民政府关于加快特色小镇发展的意见

界经济论坛等大型会议在此召开也令其闻名遐迩。

基金小镇——美国格林威治小镇

○ 格林威治是康涅狄格州最富有的小镇，同时也是美国最富有的小镇之一。

○ 起初，这里只是纽约金融从业者逃避城市生活之地，40多年前，巴顿·比格斯，一位在投资界与索罗斯、朱利安齐名的传奇投资人，在格林尼治设立了第一对冲基金，这个有着300多年历史的小镇的命运悄然改变。20世纪90年代，对冲基金开始在格林尼治周边涌现，最多时近4000家。

○ 目前小镇集中了500多家对冲基金，其中Bridge Water一家公司就掌管了1500亿美元的规模。全球350多只管理着10亿美元以上资产的对冲基金中，近半数公司都把总部设在这里。

DOMESITC CASE国内篇

○ 2016年2月，国家发展改革委举行新闻发布会，介绍新型城镇化和特色小镇建设有关情况，并对浙江、贵州两地挑选出的值得借鉴的案例进行了推介。

杭州云栖小镇

○ 云栖小镇位于杭州市西湖区，云栖大会即在此举办，规划面积3.5平方公里。按照浙江省委省政府关于特色小镇要产业、文化、旅游、社区功能四位一体，生产、生活、生态融合发展的要求，秉持"绿水青山就是金山银山"的发展理念，着力建设以云计算为核心，云计算大数据和智能硬件产业为产业特点的特色小镇。

○ 成立一年后，2015年实现了涉云产值近30个亿，完成财政总收入2.1个亿，累计引进企业328家，其中涉云企业达到255家，产业已经覆盖云计算、大数据、互联网金融、移动互联网等各个领域。

贵州安顺旧州镇

○ 旧州，地处黔中腹地，始建于1351年，距省会贵阳80公里，距安顺市区37公里，全镇总面积116平方公里，总人口4.4万人，少数民族人口占38.1%，平均海拔1356米，全年空气质量优良率为100%。

○ 旧州镇生态良好、环境优美、文化丰富，是中国屯堡文化的发源地和聚集区之一，被誉为"梦里小江南，西南第一州"。

（四）经验之谈———李强，时任中共浙江省委副书记、省长（2016年1月）

1、产业定位不能"大而全"，力求"特而强"

○ 产业选择决定小镇未来，必须紧扣

产业升级趋势，锁定产业主攻方向，构筑产业创新高地。

○ 定位突出"独特"。特色是小镇的核心元素，产业特色是重中之重。找准特色、凸显特色、放大特色，是小镇建设的关键所在。

○ 每个特色小镇都紧扣七大产业和历史经典产业，主攻最有基础、最有优势的特色产业，不能"百镇一面"、同质竞争。即便主攻同一产业，也要差异定位、细分领域、错位发展，不能丧失独特性。比如，云栖小镇、梦想小镇都是信息经济特色小镇，但云栖小镇以发展大数据、云计算为特色，而梦想小镇主攻"互联网创业+风险投资"。

○ 投资突出"有效"。特色小镇的建设，不要华而不实的增长指标，要的是"转型"与"创新"的含金量。环保、健康、时尚、高端装备制造等4大行业的特色小镇3年内要完成50亿元的有效投资，信息经济、旅游、金融、历史经典产业等特色小镇3年内要完成30亿元的有效投资。这个投资必须突出"有效性"，与实体经济紧密结合，聚焦前沿技术、新兴业态、高端装备和先进制造。

○ 截至11月，首批37个重点培育的特色小镇新集聚了3300多家企业，引进了1.3万多人才，包括大批青年人才，带来了含金量较高的新增投资、新建项目和新增税收。建设突出"质量"。

○ 产业布局上，不能"新瓶装旧酒"，也不能在原有区块贴"新标签"。项目甄别上，不能"捡到篮子里的都是菜"，特色小镇的项目必须是精挑细选的好项目。投入产出上，不能仅靠数字、指标说话，更要靠形象、效益、实物说话。要瞄准高端产业和产业高端，引进创新力强的领军型团队、成

2016年07月

浙江省 2016-07-01
住房城乡建设部 国家发展改革委 财政部关于开展特色小镇培育工作的通知

甘肃省 2016-07-27
甘肃省人民政府办公厅关于推进特色小镇建设的指导意见

2016年08月

住建部 2016-08-03
关于做好2016年特色小镇推荐工作的通知

安徽省 2016-08-08
安徽省住房城乡建设厅安徽省发展改革委员会安徽省财政厅关于开展特色小镇培育工作的指导意见

辽宁省 2016-08-09
辽宁省人民政府关于推进特色乡镇建设的指导意见

河北省 2016-08-12
中共河北省委河北省人民政府关于建设特色小镇的指导意见

河北省 2016-08-25
关于做好特色小城镇培育工作的通知

2016年09月

山东省 2016-09-01
山东省人民政府办公厅关于印发山东省创建特色小镇实施方案的通知

内蒙古自治区 2016-09-14
内蒙古自治区人民政府办公厅关于推进特色小镇建设工作的指导意见

2016年10月

发改委 2016-10-08
国家发展改革委关于加快美丽特色小（城）镇建设的指导意见

住建部 2016-10-10
住房城乡建设部 中国农业发展银行关于推进政策性金融支持小城镇建设的通知

住建部 2016-10-11
住房城乡建设部关于公布第一批中国特色小镇名单的通知

福建省 2016-10-19
福建省推进新型城镇化工作联席会议办公室关于印发《福建省特色小镇创建规划编制指引(试行)》的通知

天津市

长型企业，鼓励高校毕业生等90后、大企业高管、科技人员、留学归国人员创业者为主的"新四军"创业创新，尤其要为有梦想、有激情、有创意，但无资本、无经验、无支撑的"三有三无"年轻创业者提供一个起步的舞台。

2、功能叠加不能"散而弱"，力求"聚而合"

○ 功能叠加不是机械的"功能相加"，关键是功能融合。林立的高楼大厦不是浙江要的特色小镇，"产业园+风景区+文化馆、博物馆"的大拼盘也不是浙江要的特色小镇，浙江要的是有山有水有人文，让人愿意留下来创业和生活的特色小镇。

○ 要深挖、延伸、融合产业功能、文化功能、旅游功能和社区功能，避免生搬硬套、牵强附会，真正产生叠加效应、推进融合发展。发掘文化功能。

○ 文化是特色小镇的"内核"，每个特色小镇都要有文化标识，能够给人留下难忘的文化印象。要把文化基因植入产业发展全过程，培育创新文化、历史文化、农耕文化、山水文化，汇聚人文资源，形成"人无我有"的区域特色文化。特别是茶叶、丝绸、黄酒等历史经典产业都有上千年的文化积淀，主攻这些产业的文创小镇要重点挖掘历史文化，保护非物质文化遗产，延续历史文化根脉，传承工艺文化精髓。嵌入旅游功能。

○ 特色小镇的开发建设，旅游并不是核心目的，但拥有一定的旅游功能作支撑，小镇会更有生命力。山水风光、地形地貌、风俗风味、古村古居、人文历史等都是旅游题材。每个特色小镇都要利用自身的旅游资源，打造3A级景区，旅游特色小镇站位更高，打造5A景区。特色小镇除了传统的景区旅游外，还可以赋予休闲旅游、工业旅游、体验旅游、教学旅游、健康旅游等更加多元化的旅游功能。制造业特色小镇要围绕生产、体验和服务来设计旅游功能。

○ 建立"小镇客厅"，提供公共服务APP，推进数字化管理全覆盖，完善医疗、教育和休闲设施，实现"公共服务不出小镇"。

3、建设形态不能"大而广"，力求"精而美"

○ 美就是竞争力。无论硬件设施，还是软件建设，要"一镇一风格"，多维展示地貌特色、建筑特色和生态特色。

○ 求精，不贪大。小，就是集约集成；小，就是精益求精。根据地形地貌，做好整体规划和形象设计，确定小镇风格，建设"高颜值"小镇。规划空间要集中连片，规划面积控制在3平方公里左右，建设面积控制在1平方公里左右。建立特色小镇电子空间坐标图，界定规划范围和建设用地范围，建设面积不能超出规划面积的50%。

○ 求美，不追高。特色小镇的"美"不是高楼大厦撑起来的，关键是建筑特色和艺术风格。从小镇功能定位出发，强化建筑风格的个性设计，系统规划品牌打造、市场营销和形象塑造，让传统与现代、历史与时尚、自然与人文完美结合。

○ 求好，不图快。必须生态优先，坚守生态良好底线，实行"嵌入式开发"，在保留原汁原味的自然风貌基础上，建设有江南特色和人文底蕴的美丽小镇，让回归自然、田园生活不再遥远，让绿色、舒适、惬意成为小镇的常态。

○ 总之，小镇的形态之美，是独特的自然风光之美、错落的空间结构之美、多元的功能融合之美、多彩的历史人文之美的有机统一。

4、制度供给不能"老而僵"，力求"活而新"

○ 特色小镇的建设，不能沿用老思路、老办法，必须在探索中实践、在创新中完善。

○ 改革突出"试验"。特色小镇的定位是综合改革试验区。凡是国家的改革试点，特色小镇优先上报；凡是国家和省里先行先试的改革试点，特色小镇优先实施；凡是符合法律要求的改革，允许特色小镇先行突破。

○ 政策突出"个性"。对如期完成年度规划目标任务的特色小镇，省里按实际使用建设用地指标的50%给予配套奖励，其中信息经济、环保、高端装备制造等特色小镇再增加10%的奖励指标，对3年内未达到规划目标任务的，加倍倒扣奖励指标。特色小镇在创建期间及验收命名后，规划空间范围内的新增财政收入上交省财政部分，前3年全额返还、后2年返还一半给当地财政。

○ 服务突出"定制"。在市场主体登记制度上，放宽商事主体核定条件，实行集群化住所登记，把准入门槛降到最低；在审批流程再造上，削减审批环节，提供全程代办，创新验收制度，把审批流程改到最便捷，让小镇企业少走弯路好办事。同时，实行企业"零地"投资项目政府不再审批、企业独立选址项目高效审批、企业非独立选址项目要素市场化供给机制和政府不再审批。

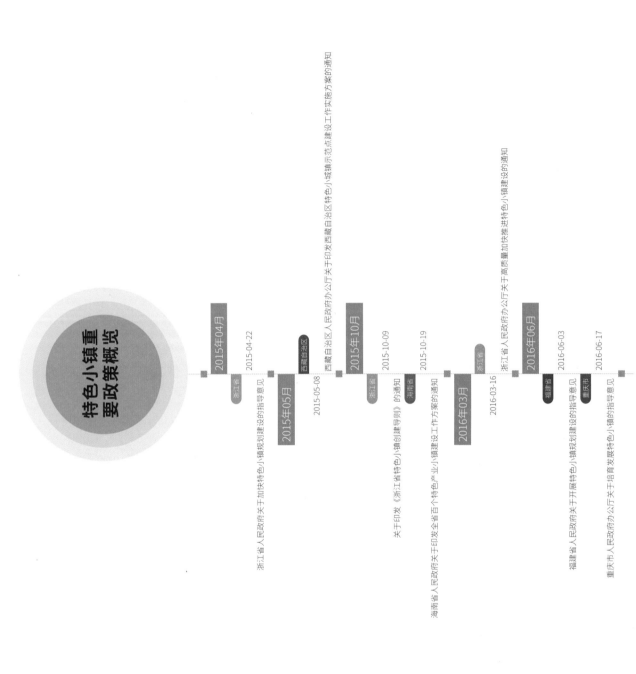

特色小镇重
要政策概览

2015年04月
浙江省
2015-04-22
浙江省人民政府关于加快特色小镇规划建设的指导意见

2015年05月
西藏自治区
2015-05-08
西藏自治区人民政府办公厅关于印发西藏自治区特色小城镇示范点建设工作实施方案的通知

2015年10月
浙江省
2015-10-09
关于印发《浙江省特色小镇创建导则》的通知

海南省
2015-10-19
海南省人民政府关于印发全省百个特色产业小镇建设工作方案的通知

2016年03月
浙江省
2016-03-16
浙江省人民政府办公厅关于高质量加快推进特色小镇建设的通知

2016年06月
福建省
2016-06-03
福建省人民政府关于开展特色小镇规划建设的指导意见

重庆市
2016-06-17
重庆市人民政府办公厅关于培育发展特色小镇的指导意见

特色小镇的前世今生

■1.特色小镇的发展历程

○ 早在1995年,浙江省就开始对小城镇进行综合改革试点,并坚持把培育小城镇作为加快城镇化、加速工业化、有效解决三农问题的重要途径。

○ 2007年,浙江省政府下发了《关于加快推进中心镇培育工程的若干意见》(浙政发〔2007〕13号)文件,提出有重点地选择200个中心镇,分期分批进行培育,并要求把中心镇培育成为县域人口集中的新主体、产业集聚的新高地、功能集成的新平台、要素集约的新载体。

○ 2014年下半年开始,浙江全面启动了实施特色小镇培育工程。特色小镇是浙江省政府为了重振历史经典产业,将浙江的文化竞争力转化为现实的产业竞争力,使浙江经济出现一批新兴经济增长点而谋划实施的"十百千"工程的重要部分。

○ 2015年初浙江省委省政府提出了特色小镇行动战略,旨在通过建设一批产业特色鲜明、人文气息浓厚、生态环境优美、兼具旅游与社区功能的特色产业小镇,推动空间重组优化与产业转型升级,促进经济新常态下浙江省的区域创新发展。

○ 浙江省省长李强在云栖小镇举行的首场阿里云开发者大会上首次提及"特色小镇"一词;到2015年1月浙江省十二届人大三次会议通过的《政府工作报告》中"特色小镇"成为关键词之一;再到4月22日省政府公布的《关于加快特色小镇规划建设的指导意见》明确特色小镇的定位和要求;直至同年6月24日全省特色小镇规划建设工作现场推进会召开,标志着特色小镇正式步入实施阶段。

○ 全面启动阶段:2015年1月,《浙江省人民政府工作报告》将"特色小镇建设"列入省政府的年度重点工作计划，报告中提出要以"新理念、新机制、新载体推进产业集聚、产业创新和产业升级"；同年 4 月，省政府出台《浙江省人民政府关于加快特色小镇规划建设的指意见》(浙政发[2015]8 号，以下简称《指导意见》)，明确了今后全省特色小镇工作的总体要求，并提出"将重点培育和规划建设 100 个左右特色小镇"，标志着浙江特色小镇的规划建设工作开始全面启动。

○ 实质推进阶段：2015 年 6 月，浙江省专门成立了"浙江省特色小镇规划建设工作联席会议"及其日常办公机构，明确了特色小镇的工作组织架构。其后，相继出台了《浙江省特色小镇创建导则》(浙特镇办[2015]9 号文，以下简称《创建导则》)等一批关于特色小镇创建工作的实施细则，并公布了两批共 79 个省级特色小镇的创建名单。以梦想小镇、云栖小镇、山南基金小镇、青瓷小镇等为代表的一批特色小镇的发展势头迅猛，成为浙江经济转型升级的新亮点。2016年1月，李强省长发表《特色小镇是浙江创新发展的战略选择》一文，首次系统总结了特色小镇的建设经验。至此浙江的特色小镇建设已从"纸上概念"全面走向"落地实施"阶段。

■2.什么是特色小镇

2.1特色小城镇的概念

○ 李强省长在《特色小镇是浙江创新发展的战略选择》一文中的诠释，特色小镇不是行政区划单元上的"镇"，也不同于产业园区、风景区的"区"，而是按照创新、协调、绿色、开放、共享发展理念，结合自身特质，找准产业定位，科学进行规划，挖掘产业特色、人文底蕴和生态禀赋，形成"产、城、人、文"四位一体有机结合的重要功能平台。

○ "特色小镇"的概念特征可总结为：相对独立于市区，区别于行政区划单元和产业园区，具有明确产业定位、文化内涵、旅游和一定社区功能的发展空间平台。

○ 特色小镇并不是一个行政意义上的城镇，而是一个大城市内部或周边的，在空间上相对独立发展的，具有特色产业导向、景观旅游和居住生活功能的项目集合体。特色小镇既可以是大都市周边的小城镇，又可以是较大的村庄，还可以是城市内部相对独立的区块和街区，其中部分服务功能可以和城市共享。

2.2特色小城镇的内涵

○ 特色小镇的"特"

○ （1）产业"特"

○ 特色小镇需培育发展的主要为高新服务业或传统经典产业中的某一行业乃至其中的某一环节，而不宜像产业园区或专业小镇那样追求产业集群的完整性或产业链的延伸性。

○ （2）人群"特"

○ 特色小镇的从业人员以高智力者、高技能者这为主，多有着高学历、高收入，或有着独特思想、才华，而不似专业小镇的创业者与从业者的草根性很强。

○ （3）位置"特"

○ 特色小镇主要位于中心城市内部（有相对独立空间）或周边合适的区域（镇、村均可），不像专业小镇多分布在远离中心城市的乡镇。

○ （4）功能"特"

○ 特色小镇主要功能为企业提供创业创新所需办公场所及必要的公共重大装备、实施室、图书馆，以及为从业人员提供的舒适、惬意的休闲和人居环境，其他功能，如交通、商业、商务等，多依赖周边大城市，不像专业小镇那样多依靠自身来满足，层次也多较低。

○ 特色小镇应是一种创业创新生态圈的空间载体。这种创业创新生态圈是产业生态圈概念的扩展，即是以某种根植于当地、具有极强发展潜力的特色主导产业的核心环节为主体，以领军型团队、创新型人才和高端创业要素集聚为核心，以地域人文底蕴演化形成的创业创新文化氛围为纽带，以完善的公共服务、优美的宜居环境、精致的建设风貌为外在表现的，"产、城、人、文"四位一体、高度融合发展的"复合生态系统"。它具有以下几个特征：

○ （1）特色小镇具有紧凑而明确的空间范围（3 平方公里左右），是优势主导产业发展的集聚地，因此它区别于行政区划中包含城乡区域的"镇"的概念。

○ （2）特色小镇尽管是以发展产业为主，但与以往"经济开发区""产业园区""风景区"等"区"的概念不同，它不仅仅追求产业生产环节的总量，不强调产业链的全覆盖,而是更强调"转型"和"创新"的含金量,因而它所集聚的是整个产业链中一部分高端的核心环节,以及与主导产业相互关联、共存、促进的各种创新功能、服务功能、社区功能、文化功能等延伸功能。

○(3)特色小镇是新型城镇化的新型载体,"以人为本"是其核心理念。因此,它的社区功能打造,不仅面向外来的创新创业人才、团队,也聚焦于为本地原住民提供更多、更好的就业岗位,并通过文化功能塑造,营造统一的社区归属感。

○(4)特色小镇把文化功能作为"内核",但不仅仅限于对地域优秀传统文化的挖掘、展示,更强调对传统文化的活化利用,赋予其时代精神,形成凝聚特色小镇的新的文化氛围。

○(5)特色小镇的空间呈现,在满足小镇居民产业、居住、游憩等功能的基础上,更强调的是精细、美观而具有地域辨识性,它是城乡空间建设与生态文明建设相融合的产物。

○特色小镇是以信息经济、环保、健康、旅游、时尚、金融、高端装备制造等产业为基础,来打造具有特色的产业生态系统,以此带动当地的经济社会发展,并对周边地区产生一定的辐射作用,是区域经济发展的新动力和创新载体。

○特色小镇的创建要求对其选址有较为明确的限制,包括较好的产业基础、资源条件和适当的土地支撑、配套服务,又区别于城市功能区,有更高的生态环境要求,这一系列条件都基于小城镇来提供。特色小镇聚焦高投资、大前景的产业发展势必形成强大的引擎,辐射推动小城镇变革,为其建设增加动力。

○特色小镇是破解浙江空间资源瓶颈的重要抓手,符合生产力布局优化规律。从块状经济、县域经济,到工业区、开发区、高新区,再到集聚区、科技城,无不是试图用最小的空间资源达到生产力的最优化布局。

2.3特色小镇的理念支持
○特色小镇是按创新、协调、绿色、开放、共享的发展理念,结合自身特质,找准产业定位,科学规划,挖掘产业特色、

人文底蕴和生态禀赋，"产、城、人、文"四位一体、有机结合的重要功能平台。

○ 在具体规划建设中，特色小镇的发展秉持四大发展理念：1.产业定位摒弃"大而全"，力求"特而强"，避免同质竞争，错位发展，保证独特个性；2.功能体系摒弃"散而弱"，力求"聚而合"，重在功能融合，营造宜居宜业的特色小镇；3.城镇形态摒弃"大而广"，力求"精而美"，形成"一镇一风格"，多维展示地域文化特色；4.制度设计摒弃"老而僵"，力求"活而新"，将其定位为综合改革试验区，"特色小镇"优先作为政策试点示范基地，把握政策先试先行机遇，体现制度供给的"个性化"。

■ 3.特色小城镇是什么样性质的规划

3.1.特色小镇是规划编制的创新

○ 特色小镇是新的制度探索。不同于传统的审批制，特色小镇采用"创建制"，这是对地方管理制度创新的重要探索。特色小镇创建对象名单的产生经过严格的标准筛选，确保入围的特色小镇要符合"7+1"产业定位范围、四至及规划面积清晰、产业文化旅游社区功能叠加、投资主体明确、项目具体可行、有效投

资额达到规定目标以上。进入创建名单的特色小镇，只有在年度考核合格或验收命名后，才能获得土地和财政方面的优惠政策支持。

○ 目前浙江省第一批、第二批 79 个省级特色小镇的申报创建经验看，全省各地编制的规划名称有实施方案、实施规划、创建方案、创建规划、概念规划等多种，并无统一范式。我们认为，特色小镇规划应是一种"创建概念性规划"，内容上应采用"务虚 + 务实"相结合方式，既要有作为顶层设计的战略性研究，又要有概念性空间设计和建设项目实施计划，并在主要的规划内容上与所在地的国民经济社会发展规划、城乡规划、土

地利用规划和生态功能区规划进行充分对接。特色小镇创建概念性规划（以下简称"小镇规划"）的编制框架上，可围绕"主题选择""小镇选址""功能定位""空间组织""实施计划"等五个主要内容开展，并在此基础上汇总形成小镇创建期的各项规划目标。

○ 通过对特色小镇发展历程的回顾和对特色小镇内涵的解读，得出两个基本论点：（1）特色小镇本质上是一种创业创新生态圈的空间载体，是"产、城、人、文"四位一体、高度融合发展的"复合生态系统"；（2）特色小镇规划是涵盖产业、生态、空间、文化等多个领域，各种元素高度关联的综合性规划。而特色小镇规划的编制可围绕"特色主题""小镇选址""功能定位""空间组织""实施计划"等五个主要方面展开。

○ 特色小镇是新的理念引领。虽然从现有实践看，特色小镇是基于浙江的经济特点与社会背景应运而生的地方探索，

但其发展理念不仅迎合当前我国社会经济转型的宏观需要，而且契合国家新型城镇化的发展方向。特色小镇强调产业"特而强"，制度"活而新"，是全新的产业平台和经济体，体现创新与活力；特色小镇强调功能"聚而合"，形态"精而美"，将成为城乡空间转型与形象提升的示范区。同时，特色小镇创建也符合政府理念转型的需要。在前阶段经济发展和城市化"双快"的驱动下，政府部门普遍浮躁，某种程度上务虚多于务实。特色小镇体块小、周期短，为政府转变理念、真抓实干提供了理想的平台。

○ 多元复合下特色小镇规划面临的挑战。相比传统规划对象，特色小镇在空间载体、特色内涵、外部条件，以及规划内容、实施要求等方面具有明显的多元、复合特征，这也正是特色小镇规划的难点和创新出发点所在。

○ 有以文化或生态资源为依托打造以旅游功能为主的休闲度假型小镇，如天台山和合小镇，以和合文化为主题，打造集文化旅游和休闲功能为一体的特色小镇；有基于已有优势产业，进行上下游延伸和多元复合，强化产业特色，如以大唐袜业为依托的诸暨袜艺小镇，打造集袜艺体验旅游、展示博览、市场物流、创意研发、娱乐休闲为一体的特色小镇。总体来看，不同于传统规划的"千镇一面"，浙江省创建名单中的特色小

镇无不个性鲜明、差异明显，这既是资源禀赋差异所决定的，也是差异化发展的客观要求。

3.2.特色小镇规划内容的创新、规划思维、规划工作的创新

○ 规划内容的综合性不同于传统城乡规划，特色小镇规划是一项没有明确规划任务书的任务。但特色小镇的创建目标，决定了其规划具有高起点、高标准和综合性、落地性的内在要求。这对规划的深度与广度也提出了新的挑战。从层次上看，既要有概念策划、总体规划、控制性详细规划，又要有城市设计和建筑、景观设计；既要有空间功能布局、又要有可落地实施的项目，甚至包括运作模式和招商引资意向，需要综合的全套解决方案。从内容上看，除了常规的空间规划内容，还包括产业规划、社区规划、旅游规划等，同时需突出生态、文化等功能。浙江省提出，特色小镇规划必须坚持多规融合，突出规划的前瞻性和协调性。结合特色小镇的资源禀赋条件，联动编制产业、文化、旅游"三位一体"，生产、生活、生态"三生融合"，工业化、信息化、城镇化"三化驱动"，项目、资金、人才"三方落实"的建设规划。因此，特色小镇规划是典型的多层次规划交融、多专业规划综合的"多规合一"，是目标导向下各种元素高度关联的综合性规划和落地性规划。

○ 规划内容创新——多元目标下的内容体系构建。相比传统的城镇规划，特色小镇的规划内容要求更多元、更复合、更联动，也更落地，因此需要通过内容体系的创新来实现规划的多元目标复合。在内容体系上，一是基于前瞻性要求，强化战略研究，找准功能定位，为小镇选择"特而强"的核心产业提供充足的背景支撑；二是基于产业平台的

定位，强化产业研究，以产业（项目）引领小镇的功能组织与空间布局；三是基于 3A 旅游景区的创建目标，强化旅游规划内容，借此挖掘、整合小镇的特色自然与人文资源，并与小镇的生活、生产功能及环境空间有机融合，提升环境品味；四是基于落地性要求，强调以项目为抓手内容体系组织，从产业、项目到空间再回到项目，因此在成果表达上除了传统的一套文本、一套图则之外应强调实施项目年度计划表的重要性，形成"图、文、表"三位一体。

○ 规划思维创新——目标导向下的规划路径选择。城乡规划编制的思维方式一般分为两类：问题导向型思维与目标导向型思维。其区别主要在于规划技术路线设计中对于切入点的把握，前者以核心问题的判断为切入，后者以明确的发展目标为切入，规划的策略与路径是基于现状基础与目标之间的差距而设定。通常在存量规划编制中，由于规划编制的需求主要来自于空间发展的问题与矛盾，规划思维多以问题导向为主、目标导向为辅。而在增量规划编制中，多以目标导向为主。特色小镇虽大多属存量规划，但其性质决定了其具有强烈的目标导向性。因此，特色小镇规划是典型的目标导向型规划，是不同空间载体在"特色小镇"目标引领下的规划实

施路径探索。

○ 工作机制创新——跨界协同下的专业团队架构。针对特色小镇规划的目标多元性和内容复合性特点，规划编制需要在团队的组织模式上进行创新，采用多专业组合、多团队协作的模式，实现"跨界"合作。这将打破规划设计机构中常规以专业项目组为单元的团队架构。在天台山和合小镇规划中，我院打破业务部门界限，从策划研究中心、城乡规划所、农业生态规划所、建筑景观分院、交通规划分院等抽调人员，组成跨部门、跨专业的项目组，并以定期例会形式促进多部门协同。这在未来的特色小镇规划中必将成为常态化的组织模式。此外，从政府管理角度，特色小镇的规划建设涉及发改、规划、建设、旅游、财政等多个部门，需要跨部门的紧密合作与协同支持。而在规划实施过程中，由于特色小镇创建实行"政府引导、企业主体、市场化运作"的PPP模式，政府、企业、社会的协同也同样不可或缺。

■4.特色小镇它解决什么问题
4.1 特色小镇与新型城镇化战略的关系

○ 城镇化是我国扩大内需、推动经济增长的强大内驱力，也是未来发展的关键战略。城镇化并不仅仅是户籍身份的改变、城镇人口的增长、空间面积的扩大，而是涉及经济增长方式、社会治理方式以及人们生活生存方式、文化价值观念等的全面变化。"千城一面"已成为当下城镇化建设的一个痼疾。城镇的发展在于发挥优势，能否具有生命力取决于城镇特色。城镇特色是一种比较优势、综合竞争力，一个没有特色、没有个性的城镇无法实现可持续发展、可持续繁荣。

○ 从特色小镇与新型城镇化战略的关系来看，两者在以下几个方面具有紧密联系。概念关联性：从概念上看，新型城镇化关注的是"镇"的实体概念，而特色小镇关注的是"镇"的功能性概念。但是两者在概念的外延上是一致的，都强调"镇"的概念在产业集聚、经济创新等方面的功能性拓展。

○ 本质同根性：城镇化的本质是实现要素在空间的自由流动，实现农村劳动力、土地等资源的优化配置。尤其是就

地城镇化的概念,更加强调通过地方产业特色,促进城镇的内源化发展。而特色小镇建设也是强调要在产业集聚的基础上,通过单个产业来打造完整的产业生态圈。

○ 目标一致性:新型城镇化的目标在于通过破除城乡二元发展体制,促进城乡一体化的发展,最终实现整个社会的均衡发展。而特色小镇的建设将对促进区域经济的转型升级、城乡均衡发展产生重大的意义。从目标上讲,两者具有一致性。

○ 功能趋同性:从功能上看,特色小镇建设与新型城镇化战略的施行都将在国家经济转型过程中扮演重大角色。通过产业的集聚优势,促进内需的扩大以及经济结构的调整,两者都能有效破除发展过程中的制度性障碍。

○ 特色小镇与卫星城镇建设也有类似之处。卫星城是指在大城市外围建立的既有就业岗位,又有较完善的住宅和公共设施的城镇,是在大城市郊区或其以外附近地区,为分散中心城市的人口和工业而新建或扩建的具有相对独立性的城镇。卫星城镇的发展同时与增长极理论息息相关。现实世界中经济要素的作用并非都在均衡条件下均衡地发挥作用,增长并非以同样的速度同时出现在不同的部门的,而是以不同的强度首先出现在一些增长点或增长极上,然后通过不同的渠道向外扩散,并对整个经济产生影响。而这些增长极体现在卫星城镇中,就是其中心城市所在。

○ 但是卫星城镇的发展,在后期也遭遇了很大的瓶颈。由于中心城市与外围城市一般距离较远,很多外围小镇最后由于要素流动受限,变成了"空城"。与之不同的是,特色小镇往往处于近郊,距离城市中心近,有效地避免了"空城"现象。但是卫星城镇发展的相关理论还是给特色小镇的建设提供了理性分析的思路与视角。

○ 自 2003 年十六大以来,新型城镇化的发展历经了多个阶段,小城镇的发展也逐渐得到重视,取得了非常显著的成效。然而在这个过程中,小城镇发展依旧面临着一系列瓶颈和障碍:产业结构不合理,重点产业不突出;人才引进困难,科技创新缺乏;管理系统落后,生态问题严重;文化内涵单调,城镇缺乏特色。而"特色小镇"的出现,很好地规避了这些问题。因为特色小镇与传统小镇有所不同,在形态上,它既可以是大城

市周边的独立社区，也可以是内部相对
独立的街区，可以共享大城市的社会服
务和福利；在产业上，依托某一特色产
业，打造完整的产业生态链，能够在最
大程度上吸引人才，推动创新；在环境
上，要求小镇着力打造至少 3A 级景区，
有力地推动了小镇环境问题的解决。

○ 从宏观层面来看，特色小镇的建设
与目前所提出的新型城镇化过程中的
"农民市民化"、"产业转型升级"、"创
新创业"等大战略是相辅相成，相互促
进的。这些战略的实施可以通过"特色
小镇"这个"抓手"去推进，"特色小镇"
的建设又有这些大战略的"保驾护航"。
通过这样一种模式，可以最大程度地促

进经济社会转型，解决城镇化过程中的
诸多难题，具有非常重大的社会现实意
义。

4.2 新常态发展阶段

○ 当前，中国进入新常态发展阶段，一
直以来的"增长主义"发展模式难以为
继，资源瓶颈、生态瓶颈和劳动力瓶颈
等发展阶段的标志性门槛开始促使城镇
转型。以浙江为例，浙江是典型的人多
地少、人口密度高及空间资源瓶颈突出
的省份，在新的发展阶段必须探索如何
在有限的空间内提高经济效益；浙江的
城镇化主体是块状经济，产业升级滞后
市场和消费升级，导致需求不足，故需
要通过产业的更新换代来刺激内需，扩
大产业市场规模；产业的竞争已经演变
成产业链的竞争，产业升级需要人才和
高端劳动力的支撑；此外，创业也是拉
动就业和产业升级的主要驱动力，必须
探索如何聚集创业人才、风投资本和科
技孵化器等，以促进产业链、人才链和
资本链实现快速耦合，形成新经济的生
态圈和高端产业链；城乡结合部是城镇
化最为活跃的区域，是城乡二元结构的
融合点，建设符合城乡融合要求的空间
载体，是满足现代都市人的生活品质追
求和加快农业现代化的重要基础。

4.3小城镇是连接城乡的重要纽带和桥梁

○ 小城镇是连接城乡的重要纽带和桥梁，是实现农村工业化、农业现代化的重要载体与依托，是构建合理城镇体系的重要基石。将小城镇自身的人文、自然资源巧妙地融合，在统一中寻求特色，同时满足规划的 统一要求，是小城镇规划及建设的主导方向。

■5.特色小镇的建构

5.1特色旅游小城镇的类型

○ 创新特色小镇旅游发展的新模式：

○ 1．异域风情+旅游：复制异域资源

○ 2．健康+旅游：提升资源品牌

○ 3．工业历史+旅游：丰富发展内涵

○ 4．智造+旅游：叠加旅游文化功能

○ 5．地方资源+旅游：

○ 6．金融＋旅游：创新企业孵化器

5.2.特色小镇构建策略

○ 环城区布点"策略。随着城市居住功能的不断外溢，一些学者认为，中国城市化将从过去中心大城市建设的"单核"时代向"中心城区+特色小镇+……"的"双核"、"多核"时代迈进。这些整合郊区资源环中心城区布点的"特色小镇"，大多属于城乡结合部和新城新区，是城镇化发展活力最强的区域。由于中心城区有完善的经济结构，成熟的市场与雄厚的技术力量，能够孕育新的观念、迅速吸收和大量创造先进的科学技术文化，创造新兴产业，形成巨大的生产和流通能力。环绕中心城区布局特色小镇，城郊地区本来就具有良好的基础条件，依托中心城区，能够就近获取各种丰富资源。相对于中心城区高昂的运行成本，小镇拥有低廉的地价、劳动力以及大容量的环境等先天优势，更容易吸引创业型企业和小型企业集聚。这类小镇的建设对于有效疏解大城市功

能，防止城市空间无序蔓延，预防和治理"城市病"，提高城乡居民生活质量和水平意义重大。城郊型小镇的特色，"特"在产业。2014年以来，环杭州主城区迅速崛起的全国首个云计算产业生态小镇、山南基金小镇、梦想小镇等，均承载着杭州的新兴产业。

○ "功能区带动"策略。城镇化需要产业的集中和人口的吸纳，实现产业与小镇发展的双轮驱动、双向提升，这是特色小镇的核心诉求。工业化无疑对此有着强大推动力，而雄厚的产业集群是浙江的优势与基础。所谓"功能区带动"，就是发挥拥有众多具有产业发展功能的国家、省市级园区的独特优势，以产业发展带动城镇建设的区域开发模式，体现产业和城镇协调发展、双向融合的理念，其形成路径是通过产业园区化—

园区城镇化—城镇现代化—产城一体化，实现产业与城镇的匹配和融合发展。"功能区带动"策略是"以产带城，以城促产"，实现产城融合。推动经济发展从"单一的生产型园区经济"向多功能的"生产、服务、消费"等"多点支撑"城镇经济转型。如桐庐的分水、富阳的大源，已基本形成产业功能区与城镇化良性互动的发展态势。

○"资源型驱动"策略。小镇是生态环境、政治、经济、文化、社会、历史等系统集成的载体，也是资本、土地、资源、人力、技术等经济要素配置的空间。小镇特有的这种系统集成、综合载体的功能，决定了小镇"靠山吃山、靠水吃水"的资源型发展模式。特色小镇建设一定要适应"本土气候"，充分依托与利用资源、气候、地缘、人文等方面的优势，打造具有浓郁特色的现代农业小镇、商贸小镇、生态小镇和旅游小镇，并以特色小城镇为依托，发展特色文化、特色经济，开创特色发展之路，既能增强自身的综合竞争力，又能避免与城镇在结构上趋同和低水平重复建设。浙江《政府工作报告》要求，兼顾茶叶、丝绸、黄酒

等历史经典产业，把特色小镇建成产业小镇、文化小镇、旅游小镇。

○ 投资策略。特色小镇建设需要大量的投入，资金问题依然是制约城镇化的一大瓶颈。过去，土地收益一直是地方政府获得建设资金的重要来源，在逐步减少政府对土地财政依赖的当下，完全依靠政府投入不现实，完全靠市场融资也不可行，探索多元化的投资建设模式极为必要。

○ 当今，特色小镇同样面临着3种投资主体。社会机构投资快，但缺乏建设系统性；政府投资着眼长远，但资金量杯水车薪；而设立小镇发展基金可以兼具两者特点，既可以保证资金的来源充足稳定，又改变了单一依靠政府投资建设的状况，同时能兼顾社会效益，优质资源的整合能力也较强。另外，也可将特色小镇的项目按非经营性和经营性分类，非经营性类的资金来源主要以财政资金或城镇化建设债券投入为主，而经营类的投资主体可以是国有、民营、外资等，按市场规则经营和获得收益。完善的投融资渠道、多元的投资建设局面，会增添特色小镇的发展动力。

■6.特色小镇的现在（存在什么问题）

○ 外部条件的复杂性。从破解土地资源瓶颈和城乡二元结构的目标出发，特色小镇往往被选址在城市边缘地区，用地条件普遍较为复杂。或受交通分割，或地形起伏变化，现状居民点、工厂企业散乱分布，加之边界不规整，对规划设计形成很大制约。

○ 规划任务的紧迫性。特色小镇的创建有明确的时间目标与考核标准，浙江实行"优胜劣汰"的原则和"追惩制"。以 3 年为限，要满足建设、投资、品质等多方面的要求，否则将面临指标倒扣。这对规划编制工作来说，意味着任务紧、压力大。

○ 规划缺乏科学性导致特色元素不突出特色小镇最根本的是要突出其独一无二的"特色"元素。当前部分地区发展定位不清，核心区块不明确，外部界限不清，导致小镇难以成为相对独立、形象突出的区域。一方面，小镇规划变化频繁，拼凑痕迹明显。小镇申报之初多为概念性规划，由于部分地区谋划不足、投资目标过高，后期不得不多次外延与扩展，导致总面积偏大，不符合特色小镇"小、精、强、美"的特征要求。另一方面，核心区块不确定，特色形象不突出。有些地区将1km2"核心区"等同于重点项目的"占地面积"，由于项目地域上集聚度不高，导致核心区块不明显，缺乏特色内容。有的小镇没有明显的"地标"和展示中心，有的仅布以简单的图片、视频来代替"小镇客厅"，有的仅有几个办公楼、几座厂房，缺乏彰显小镇特有文化元素的建筑外观、生态绿地和社区配套等。

○ 项目相对疏散导致功能叠加不足。部分小镇对产业、旅游、文化、社区功能融合考虑不到位，仍以工业园区、旅游度假区、产业集聚区的旧思维来谋划特色小镇，突出表现为项目相对疏散、功能叠加不足。一是产业与旅游功能融合不够。一些工业小镇由于产业定位相对特殊，难以开发丰富多彩的旅游项目和产品，对游客吸引力有限，便将周边已自成体系的成熟旅游景区纳入规划来拼凑客源。二是产业与文化功能融合不够。如时尚小镇多依托于传统的专业市场，拓展空间普遍存在空间上的困难与问题，有些地区不深入挖掘产业自身的历史文化与内涵，而寄希望于商贸综合体的重新整合包装，或者建一个"高大上"的创意中心、时尚中心，尽管改善了小镇的形象面貌，但与本地根植性的产业结合不紧密，"传统产业"文化与"现代时尚"文化难以深度融合。三是产业与社区功能融合不够。有的在园区内造一两幢员工宿舍、人才公寓，甚至将周边农民集聚房纳入规划，冠以小镇"众创空间""产城融合"等新名词。同时，当前小镇还停留在原专业市场、产业园区企业管理者、创业者的赚钱处、暂居地的功能上，完整的社区生态还没有形成，居民身份认同度普遍不高。

○ 行政干预过当导致运营主体错位。特色小镇的运营要求以市场为主体，由一两个实力雄厚的领军企业作为核心，紧密围绕其优势产业开展相关产业链招商、公共配套等活动。在实践过程中，由于特色小镇建设投资额大且成效显现快，对投资主体实力要求很高。一些小镇由于发展定位不当或产业相对特殊，不易在短时间内引进资质较深的市场主体,尽管意识到"政府投资、招商引资"等传统做法不适用特色小镇,但"政府招商"的主体地位并没有大的改观,表现为招商企业领域分散、项目细碎化现象严重、核心产业不突出等现象,造成实质上的运营主体缺失。一些小镇还在组建开发公司,而另一些小镇尽管有名义上的市场化主体,但管理运营受政府影响仍然比较大。

○ 创新集聚转化困难导致产业层次不高。特色小镇从本质上而言是块状经济的新业态,其产业应在较少空间扩张状况下具有明显的品质提升、特色增强以及规模扩张的发展前景。当前,部分小镇没有未来前瞻产业的科技含量和高成长性,还不能占据产业制高点,行业影响力远不够,商业模式和业态创新有待深化。一方面,一些基于产业集聚区、工业园区转型发展的时尚小镇,囿于多年以来企业小、低、散的问题制约,很难在短时间内实现"华丽转身"。尽管建立了研究院、孵化器、科创中心、众创空间等创新创业平台,但与原有企业结合不够紧密,大部分地区仍然没有摆脱旧有

生产经营模式的窠臼。另一方面,以80后、90后年轻创业者、大企业高管及连续创业者、科技人员创业者、留学归国创业者等为主的"创业新四军"普遍对创业创新环境要求较高。市县一级由于产业基础薄弱、区位优势不明显、配套设施不完善,对行业领军人才或核心团队吸引能力严重不足。

○ 要素保障制约导致创建进度差异较大。由于要素保障制约,嘉兴五个特色小镇当前创建进度差异较大,部分地区完成计划困难。就资金而言,项目招商需要基础设施投入先行,而当前地方融资平台作用有限,区镇一级财力相对薄弱,迫切需要财政资金的支持。就土地而言,特色小镇所需的土地指标很难一次性到位,这大大影响了项目推进的效率。当前土地指标来源主要通过"退低进高"、增减挂钩来解决,另外,还有一些上级政府拨给的储备用地指标,然而,通过"退低进高"获取的土地指标有限,到位速度也比较慢。同时,拆迁过程还涉及政策安置以及征迁农民安置点用地等问题,大大延缓了土地供给的进度。

特色小镇起源及中国第一批特色小镇名单

特色小镇

○ 特色小镇发源于浙江,2014年在杭州云栖小镇首次被提及,后2016年住建部等三部委力推,这种在块状经济和县域经济基础上发展而来的创新经济模式,是供给侧改革的浙江实践。

○ 特色小镇是在新的历史时期、新的发展阶段的创新探索和成功实践。去年底,省政府印发了《关于培育创建江苏特色小镇的指导意见》,确定了江苏特色小镇发展的总体要求、发展目标、创建路径和工作机制。

○ 明确江苏特色小镇坚持用"非镇非区"的新理念,用"宽进严出"的创建制,用生产、生活、生态"三生融合";产、城、人、文"四位一体"的新模式,加快培育创建一批能够彰显我省产业特色、凸显苏派人文底蕴、引领区域创新发展的江苏特色小镇。

发展历程

○ 2014年10月,在参观云栖小镇时,时任浙江省长李强提出:"让杭州多一个美丽的特色小镇,天上多飘几朵创新'彩云'。"这是"特色小镇"概念首次被提及。

○ 2015年9月,中办主任、国家发改委副主任刘鹤一行深入调研浙江特色小镇建设情况,刘鹤表示:浙江特色小镇建设是在经济发展新常态下发展模式的有益探索,符合经济规律,注重形成满足市场需求的比较优势和供给能力,这是"敢为人先、特别能创业"精神的又一次体现。

○ 2015年12月底,习近平总书记对浙江省"特色小镇"建设作出重要批示:"抓特色小镇、小城镇建设大有可为,对经济转型升级、新型城镇化建设,都大有重要意义。浙江着眼供给侧培育小镇经济的思路,对做好新常态下的经济工作也有启发。"

○ 2016年1月初,浙江省长李强在绍兴宁波调研特色小镇建设后说道:"在新常态下,浙江利用自身的信息经济、块状经济、山水资源、历史人文等独特优势,加快创建一批特色小镇,这不仅符合经济社会发展规律,而且有利于破解经济结构转化和动力转换的现实难题,是浙江适应和引领经济新常态的重大战略选择。"要全力推进特色小镇建设,把特色小镇打造成稳增长调结构的新亮点、实体经济转型发展的新示范、体制机制改革的新阵地。随后全国各地特色小镇建设规划蜂而至。

○ 目前浙江的特色小镇,以产业特色分可以分两类:一是海宁皮革时尚小镇、黄岩的模具小镇等为代表的制造业小镇;二是以杭州玉皇山南基金小镇、梦想小镇等为代表的第三产业小镇。

中国第一批特色小镇名单

○ 一、北京市(3个)房山区长沟镇、昌平区小汤山镇、密云区古北口镇

○ 二、天津市(2个)武清区崔黄口镇、滨海新区中塘镇

○ 三、河北省(4个)秦皇岛市卢龙县石门镇、邢台市隆尧县莲子镇镇、保定市高阳县庞口镇、衡水市武强县周窝镇

○ 四、山西省(3个)晋城市阳城县润城镇、晋中市昔阳县大寨镇、吕梁市汾阳市杏花村镇

○ 五、内蒙古自治区(3个)赤峰市宁城县八里罕镇、通辽市科尔沁左翼中旗舍伯吐镇、呼伦贝尔市额尔古纳市莫尔道嘎镇

○ 六、辽宁省(4个)大连市瓦房店市谢屯镇、丹东市东港市孤山镇、辽阳市弓长岭区汤河镇、盘锦市大洼区赵圈河镇

○ 七、吉林省(3个)辽源市东辽县辽河源镇、通化市辉南县金川镇、延边朝鲜族自治州龙井市东盛涌镇

○ 八、黑龙江省(3个)齐齐哈尔市甘南县兴十四镇、牡丹江市宁安市渤海镇、大兴安岭地区漠河县北极镇

○ 九、上海市(3个)金山区枫泾镇、松江区车墩镇、青浦区朱家角镇

○ 十、江苏省(7个)南京市高淳区桠溪镇、无锡市宜兴市丁蜀镇、徐州市邳州市碾庄镇、苏州市吴中区甪直镇、苏州市吴江区震泽镇、盐城市东台市安丰镇、泰州市姜堰区溱潼镇

○ 十一、浙江省(8个)杭州市桐庐县分水镇、温州市乐清市柳市镇、嘉兴市桐乡市濮院镇、湖州市德清县莫干山镇、绍兴市诸暨市大唐镇、金华市东阳市横店镇、丽水市莲都区大港头镇、丽水市龙泉市上垟镇

○ 十二、安徽省(5个)铜陵市郊区大通镇、安庆市岳西县温泉镇、黄山市黟县宏村镇、六安市裕安区独山镇、宣城市旌德县白地镇

○ 十三、福建省(5个)、福州市永泰县嵩口镇、厦门市同安区汀溪镇、泉州市安溪县湖头镇、南平市邵武市和平镇、龙岩市上杭县古田镇

○ 十四、江西省(4个)南昌市进贤县文港镇、鹰潭市龙虎山风景名胜区上清镇、宜春市明月山温泉风景名胜区温汤镇、上饶市婺源县江湾镇

○ 十五、山东省(7个)青岛市胶州市李哥庄镇、淄博市淄川区昆仑镇、烟台市蓬莱市刘家沟镇、潍坊市寿光市羊口镇、泰安市新泰市西张庄镇、威海市经济技术开发区崮山镇、临沂市费县探沂镇

○十六、河南省（4个）焦作市温县赵堡镇、许昌市禹州市神垕镇、南阳市西峡县太平镇、驻马店市确山县竹沟镇

○十七、湖北省（5个）宜昌市夷陵区龙泉镇、襄阳市枣阳市吴店镇、荆门市东宝区漳河镇、黄冈市红安县七里坪镇、随州市随县长岗镇

○十八、湖南省（5个）长沙市浏阳市大瑶镇、邵阳市邵东县廉桥镇、郴州市汝城县热水镇、娄底市双峰县荷叶镇、湘西土家族苗族自治州花垣县边城镇

○十九、广东省（6个）佛山市顺德区北滘镇、江门市开平市赤坎镇、肇庆市高要区回龙镇、梅州市梅县区雁洋镇、河源市江东新区古竹镇、中山市古镇镇

○二十、广西壮族自治区（4个）柳州市鹿寨县中渡镇、桂林市恭城瑶族自治县莲花镇、北海市铁山港区南康镇、贺州市八步区贺街镇

○二十一、海南省（2个）海口市云龙镇、琼海市潭门镇

○二十二、重庆市（4个）万州区武陵镇、涪陵区蔺市镇、黔江区濯水镇、潼南区双江镇

○二十三、四川省（7个）成都市郫县德源镇、成都市大邑县安仁镇、攀枝花市盐边县红格镇、泸州市纳溪区大渡口镇、南充市西充县多扶镇、宜宾市翠屏区李庄镇、达州市宣汉县南坝镇

○二十四、贵州省（5个）贵阳市花溪区青岩镇、六盘水市六枝特区郎岱镇、遵义市仁怀市茅台镇、安顺市西秀区旧州镇、黔东南州雷山县西江镇

○二十五、云南省（3个）红河州建水县西庄镇、大理州大理市喜洲镇、德宏州瑞丽市畹町镇

○二十六、西藏自治区（2个）、拉萨市尼木县吞巴乡、山南市扎囊县桑耶镇

○二十七、陕西省（5个）西安市蓝田县汤峪镇、铜川市耀州区照金镇、宝鸡市眉县汤峪镇、汉中市宁强县青木川镇、杨陵区五泉镇

○二十八、甘肃省（3个）兰州市榆中县青城镇、武威市凉州区清源镇、临夏州和政县松鸣镇

○二十九、青海省（2个）海东市化隆回族自治县群科镇、海西蒙古族藏族自治州乌兰县茶卡镇

○三十、宁夏回族自治区（2个）银川市西夏区镇北堡镇、固原市泾源县泾河源镇

○三十一、新疆维吾尔自治区（3个）喀什地区巴楚县色力布亚镇、塔城地区沙湾县乌兰乌苏镇、阿勒泰地区富蕴县可可托海镇

○三十二、新疆生产建设兵团（1个）第八师石河子市北泉镇

全国第二批276个特色小镇出炉 苏浙鲁最多

○ 7月27日，住建部网站发布《关于拟公布第二批全国特色小镇名单的公示》（建村规函[2017]99号），公布了全国第二批特色小镇名单。

○ 住建部表示，为贯彻落实党中央、国务院关于推进特色小镇建设的部署，按照《住房城乡建设部关于保持和彰显特色小镇特色若干问题的通知》（建村[2017]144号）和《住房城乡建设部办公厅关于做好第二批全国特色小镇推荐工作的通知》（建办村函[2017]357号）要求，在各地择优推荐的基础上，经现场答辩、专家审查，拟将北京市怀柔区雁栖镇等276个镇认定为第二批全国特色小镇。

○ 2016年10月，住建部公布了首批127个中国特色小镇名单。这意味着第二批特色小镇名单比第一批翻番。

○ 第二批公布的特色小镇名单中，江苏、浙江、山东三省最多，均达到了15个，其次是广东省有14个，四川省13个，湖南、湖北、河南三省分别拥有11个，贵州省、安徽省、云南省、广西壮族自治区各10个，福建省、山西省、辽宁省、陕西省、重庆市、内蒙古自治区各有9个，江西、黑龙江、河北三省各有8个，新疆维吾尔自治区7个，吉林省以及上海市各为6个，甘肃省、海南省、西藏自治区、宁夏回族自治区各5个，青海省、北京市各4个，天津市以及新疆建设兵团各3个。

○ 今年5月26日，住房城乡建设部发布《关于做好第二批全国特色小镇推荐工作的通知》，要求各省6月底前上报300个特色小镇推荐名单。这一数量相较于2016年发布的第一批特色小镇推荐名额几乎翻了个倍。同时规定，政府大包大揽或过度举债，打着特色小镇名义搞圈地开发，项目或设施建设规模过大导致资源浪费等问题的建制镇不得推荐。

○ 此前7月21日至23日，连续三天，第二批全国特色小镇的300多个候选小镇在中国建筑设计院完成现场答辩。据中国房地产报报道，对去年特色小镇建设中存在的过度房地产化、房企打着特

色小镇旗号"圈地"现象,今年的申报要求对此直接一票否决。答辩会上,对存在以房地产为单一产业,镇规划未达到有关要求、脱离实际,盲目立项、盲目建设,政府大包大揽或过度举债,打着特色小镇名义搞圈地开发,项目或设施建设规模过大导致资源浪费等问题的建制镇,住建部明确表示不得推荐。而且对县政府驻地镇,也明确表示不推荐。

○ 按照此前住建部等三部委共同发布的《关于开展特色小镇培育工作的通知》,到2020年,培育1000个左右各具特色、富有活力的休闲旅游、商贸物流、现代制造、教育科技、传统文化、美丽宜居等特色小镇,引领带动全国小城镇建设,不断提高建设水平和发展质量。

附:第二批全国特色小镇公示名单

一、北京市（4个）

○ 怀柔区雁栖镇

○ 大兴区魏善庄镇

○ 顺义区龙湾屯镇

○ 延庆区康庄镇

二、天津市（3个）

○ 津南区葛沽镇

○ 蓟州区下营镇

○ 武清区大王古庄镇

三、河北省（8个）

○ 衡水市枣强县大营镇

○ 石家庄市鹿泉区铜冶镇

○ 保定市曲阳县羊平镇

○ 邢台市柏乡县龙华镇

○ 承德市宽城满族自治县化皮溜子镇

○ 邢台市清河县王官庄镇

○ 邯郸市肥乡区天台山镇

○ 保定市徐水区大王店镇

四、山西省（9个）

○ 运城市稷山县翟店镇

○ 晋中市灵石县静升镇

○ 晋城市高平市神农镇

○ 晋城市泽州县巴公镇

○ 朔州市怀仁县金沙滩镇

○ 朔州市右玉县右卫镇

○ 吕梁市汾阳市贾家庄镇

○ 临汾市曲沃县曲村镇

○ 吕梁市离石区信义镇

五、内蒙古自治区（9个）

○ 赤峰市敖汉旗下洼子镇

○ 鄂尔多斯市东胜区罕台镇

○ 乌兰察布市凉城县岱海镇

○ 鄂尔多斯市鄂托克前旗城川镇

○ 兴安盟阿尔山市白狼镇

○ 呼伦贝尔市扎兰屯市柴河镇

○ 乌兰察布市察哈尔右翼后旗土牧尔台镇

○ 通辽市开鲁县东风镇

○ 赤峰市林西县新城子镇

六、辽宁省（9个）

○ 沈阳市法库县十间房镇

○ 营口市鲅鱼圈区熊岳镇

○ 阜新市阜蒙县十家子镇

○ 辽阳市灯塔市佟二堡镇

○ 锦州市北镇市沟帮子镇

○ 大连市庄河市王家镇

○ 盘锦市盘山县胡家镇

○ 本溪市桓仁县二棚甸子镇

○ 鞍山市海城市西柳镇

七、吉林省（6个）

○ 延边州安图县二道白河镇

○ 长春市绿园区合心镇

○ 白山市抚松县松江河镇

○ 四平市铁东区叶赫满族镇

○ 吉林市龙潭区乌拉街满族镇

○ 通化市集安市清河镇

八、黑龙江省（8个）

○ 牡丹江市绥芬河市阜宁镇

○ 黑河市五大连池市五大连池镇

○ 牡丹江市穆棱市下城子镇

○ 佳木斯市汤原县香兰镇

○ 哈尔滨市尚志市一面坡镇

○ 鹤岗市萝北县名山镇

○ 大庆市肇源县新站镇

○ 黑河市北安市赵光镇

九、上海市（6个）

○ 浦东新区新场镇

○ 闵行区吴泾镇

○ 崇明区东平镇

○ 嘉定区安亭镇

○ 宝山区罗泾镇

○ 奉贤区庄行镇

十、江苏省（15个）

○ 无锡市江阴市新桥镇

○ 徐州市邳州市铁富镇

○ 扬州市广陵区杭集镇

○ 苏州市昆山市陆家镇

○ 镇江市扬中市新坝镇

○ 盐城市盐都区大纵湖镇

○ 苏州市常熟市海虞镇

○ 无锡市惠山区阳山镇

○ 南通市如东县栟茶镇

○ 泰州市兴化市戴南镇

○ 泰州市泰兴市黄桥镇

○ 常州市新北区孟河镇

○ 南通市如皋市搬经镇

○ 无锡市锡山区东港镇

○ 苏州市吴江区七都镇

十一、浙江省（15个）

○ 嘉兴市嘉善县西塘镇

○ 宁波市江北区慈城镇

○ 湖州市安吉县孝丰镇

○ 绍兴市越城区东浦镇

○ 宁波市宁海县西店镇

○ 宁波市余姚市梁弄镇

○ 金华市义乌市佛堂镇

○ 衢州市衢江区莲花镇

○ 杭州市桐庐县富春江镇

○ 嘉兴市秀洲区王店镇

○ 金华市浦江县郑宅镇

○ 杭州市建德市寿昌镇

○ 台州市仙居县白塔镇

○ 衢州市江山市廿八都镇

○ 台州市三门县健跳镇

十二、安徽省（10个）

○ 六安市金安区毛坦厂镇

○ 芜湖市繁昌县孙村镇

○ 合肥市肥西县三河镇

○ 马鞍山市当涂县黄池镇

○ 安庆市怀宁县石牌镇

○ 滁州市来安县汊河镇

○ 铜陵市义安区钟鸣镇

○ 阜阳市界首市光武镇

○ 宣城市宁国市港口镇

○ 黄山市休宁县齐云山镇

十三、福建省（9个）

○ 泉州市石狮市蚶江镇

○ 福州市福清市龙田镇

○ 泉州市晋江市金井镇

○ 莆田市涵江区三江口镇

○ 龙岩市永定区湖坑镇

○ 宁德市福鼎市点头镇

○ 漳州市南靖县书洋镇

○ 南平市武夷山市五夫镇

○ 宁德市福安市穆阳镇

十四、江西省（8个）

○ 赣州市全南县南迳镇

○ 吉安市吉安县永和镇

○ 抚州市广昌县驿前镇

○ 景德镇市浮梁县瑶里镇

○ 赣州市宁都县小布镇

○ 九江市庐山市海会镇

○ 南昌市湾里区太平镇

○ 宜春市樟树市阁山镇

十五、山东省（15个）

○ 聊城市东阿县陈集镇

○ 滨州市博兴县吕艺镇

○ 菏泽市郓城县张营镇

○ 烟台市招远市玲珑镇

○ 济宁市曲阜市尼山镇

○ 泰安市岱岳区满庄镇

○ 济南市商河县玉皇庙镇

○ 青岛市平度市南村镇

○ 德州市庆云县尚堂镇

○ 淄博市桓台县起凤镇

○ 日照市岚山区巨峰镇

○ 威海市荣成市虎山镇

○ 莱芜市莱城区雪野镇

○ 临沂市蒙阴县岱崮镇

○ 枣庄市滕州市西岗镇

十六、河南省（11个）

○ 平顶山市汝州市蟒川镇

○ 南阳市镇平县石佛寺镇

○ 洛阳市孟津县朝阳镇

○ 濮阳市华龙区岳村镇

○ 周口市商水县邓城镇

○ 郑州市巩义市竹林镇

○ 新乡市长垣县恼里镇

○ 安阳市林州市石板岩镇

○ 商丘市永城市芒山镇

○ 三门峡市灵宝市函谷关镇

○ 南阳市邓州市穰东镇

十七、湖北省（11个）

○ 荆州市松滋市沲水镇

○ 宜昌市兴山县昭君镇

○ 潜江市熊口镇

○ 仙桃市彭场镇

○ 襄阳市老河口市仙人渡镇

○ 十堰市竹溪县汇湾镇

○ 咸宁市嘉鱼县官桥镇

○ 神农架林区红坪镇

○ 武汉市蔡甸区玉贤镇

○ 天门市岳口镇

○ 恩施州利川市谋道镇

十八、湖南省（11个）

○ 常德市临澧县新安镇

○ 邵阳市邵阳县下花桥镇

○ 娄底市冷水江市禾青镇

○ 长沙市望城区乔口镇

○ 湘西土家族苗族自治州龙山县里耶镇

○ 永州市宁远县湾井镇

○ 株洲市攸县皇图岭镇

○ 湘潭市湘潭县花石镇

○ 岳阳市华容县东山镇

○ 长沙市宁乡县灰汤镇

○ 衡阳市珠晖区茶山坳镇

十九、广东省（14个）

○ 佛山市南海区西樵镇

○ 广州市番禺区沙湾镇

○ 佛山市顺德区乐从镇

○ 珠海市斗门区斗门镇

○ 江门市蓬江区棠下镇

○ 梅州市丰顺县留隍镇

○ 揭阳市揭东区埔田镇

○ 中山市大涌镇

○ 茂名市电白区沙琅镇

○ 汕头市潮阳区海门镇

○ 湛江市廉江市安铺镇

○ 肇庆市鼎湖区凤凰镇

○ 潮州市湘桥区意溪镇

○ 清远市英德市连江口镇

二十、广西壮族自治区（10个）

○ 河池市宜州市刘三姐镇

○ 贵港市港南区桥圩镇

○ 贵港市桂平市木乐镇

○ 南宁市横县校椅镇

○ 北海市银海区侨港镇

○ 桂林市兴安县溶江镇

○ 崇左市江州区新和镇

○ 贺州市昭平县黄姚镇

○ 梧州市苍梧县六堡镇

○ 钦州市灵山县陆屋镇

二十一、海南省（5个）

○ 澄迈县福山镇

○ 琼海市博鳌镇

○ 海口市石山镇

○ 琼海市中原镇

○ 文昌市会文镇

二十二、重庆市（9个）

○ 铜梁区安居镇

○ 江津区白沙镇

○ 合川区涞滩镇

○ 南川区大观镇

○ 长寿区长寿湖镇

○ 永川区朱沱镇

○ 垫江县高安镇

○ 酉阳县龙潭镇

○ 大足区龙水镇

二十三、四川省（13个）

○ 成都市郫都区三道堰镇

○ 自贡市自流井区仲权镇

○ 广元市昭化区昭化镇

○ 成都市龙泉驿区洛带镇

○ 眉山市洪雅县柳江镇

○ 甘孜州稻城县香格里拉镇

○ 绵阳市江油市青莲镇

○ 雅安市雨城区多营镇

○ 阿坝州汶川县水磨镇

○ 遂宁市安居区拦江镇

○ 德阳市罗江县金山镇

○ 资阳市安岳县龙台镇

○ 巴中市平昌县驷马镇

二十四、贵州省（10个）

○ 黔西南州贞丰县者相镇

○ 黔东南州黎平县肇兴镇

○ 贵安新区高峰镇

○ 六盘水市水城县玉舍镇

○ 安顺市镇宁县黄果树镇

○ 铜仁市万山区万山镇

○ 贵阳市开阳县龙岗镇

○ 遵义市播州区鸭溪镇

○ 遵义市湄潭县永兴镇

○ 黔南州瓮安县猴场镇

二十五、云南省（10个）

○ 楚雄州姚安县光禄镇

○ 大理州剑川县沙溪镇

○ 玉溪市新平县戛洒镇

○ 西双版纳州勐腊县勐仑镇

○ 保山市隆阳区潞江镇

○ 临沧市双江县勐库镇

○ 昭通市彝良县小草坝镇

○ 保山市腾冲市和顺镇

○ 昆明市嵩明县杨林镇

○ 普洱市孟连县勐马镇

二十六、西藏自治区（5个）

○ 阿里地区普兰县巴嘎乡

○ 昌都市芒康县曲孜卡乡

○ 日喀则市吉隆县吉隆镇

○ 拉萨市当雄县羊八井镇

○ 山南市贡嘎县杰德秀镇

二十七、陕西省（9个）

○ 汉中市勉县武侯镇

○ 安康市平利县长安镇

○ 商洛市山阳县漫川关镇

○ 咸阳市长武县亭口镇

○ 宝鸡市扶风县法门镇

○ 宝鸡市凤翔县柳林镇

○ 商洛市镇安县云盖寺镇

○ 延安市黄陵县店头镇

○ 延安市延川县文安驿镇

二十八、甘肃省（5个）

○ 庆阳市华池县南梁镇

○ 天水市麦积区甘泉镇

○ 兰州市永登县苦水镇

○ 嘉峪关市峪泉镇

○ 定西市陇西县首阳镇

二十九、青海省（4个）

○ 海西州德令哈市柯鲁柯镇

○ 海南州共和县龙羊峡镇

○ 西宁市湟源县日月乡

○ 海东市民和县官亭镇

三十、宁夏回族自治区（5个）

○ 银川市兴庆区掌政镇

○ 银川市永宁县闽宁镇

○ 吴忠市利通区金银滩镇

○ 石嘴山市惠农区红果子镇

○ 吴忠市同心县韦州镇

三十一、新疆维吾尔族自治区（7个）

○ 克拉玛依市乌尔禾区乌尔禾镇

○ 吐鲁番市高昌区亚尔镇

○ 伊犁州新源县那拉提镇

○ 博州精河县托里镇

○ 巴州焉耆县七个星镇

○ 昌吉州吉木萨尔县北庭镇

○ 阿克苏地区沙雅县古勒巴格镇

三十二、新疆生产建设兵团（3个）

○ 阿拉尔市沙河镇

○ 图木舒克市草湖镇

○ 铁门关市博古其镇

2017国家特色小镇申报审批标准及附评分细则

● *如何才能入选国家特色小镇?特色小镇的评选标准是什么?标准是如何制定的?带着这些问题,全程参与本次《国家特色小镇认定标准》制定的专家,为大家做深入解读。*

一、特色小镇认定标准特点

1、以评"特色"为主,评"优秀"为辅

○ 以往的小城镇系列评选以"评优秀"为主,例如全国重点镇,标准制定的基本思路是依据其优秀水平设定不同的评分等级。而特色本身是一个多样化的名词,不同的镇有自身不同的特色,如何用一个标准体系评判不同镇的不同特色是本次标准制定的难点。本次标准制定,是在"优秀"的基础之上,挖掘其"特色"因素。因此,本次标准制定将评价指标分为"特色性指标"和"一般性指标"。指标反映小城镇的特色,给予较高的权重;一般性指标反映小城镇基本水平,给予较低的权重。做到以评"特色"为主,评"优秀"为辅。

2、以定性为主,定量为辅

○ 小城镇的特色可简单概括为产业特色、风貌特色、文化特色、体制活力等,这些特色选项的呈现以定性描述居多。但是,完全的定性描述会导致标准评判的弹性过大,降低标准的科学与严谨性。

○ 而少量且必要的定量指标客观严谨,虽然使评审增加了一定的复杂性,但能够保证标准的科学与严密。

○ 所以,本次标准的制定以定性为主,定量为辅。在选定定量指标时首先尽量精简定量指标的数量,同时尽量使定量指标简单化增强可评性。

二、特色小镇分项指标解读

○ 根据《开展特色小镇培育工作的通知》,此次特色小镇认定对象原则上是建制镇,特色小镇要有特色鲜明的产业形态、和谐宜居的美丽环境、彰显特色的传统文化、便捷完善的设施服务和灵活的体制机制。在此基础上,

○ 构建五大核心特色指标。

1、产业发展(25分)

○ 小城镇的产业特色首先表现在产业定位与发展特色上,要做到"人无我有、人有我优",产业是否符合国家的产业政策导向;现有产业是否是传统产业的优化升级或者新培育的战略新兴产业。

○ 产业知名度影响力有多强;产业是否有规模优势。其中产业规模优势为定量指标。

○ 特色产业还应该具有产业带动作用以及较好的产业发展创新环境。

○ 产业带动作用分农村劳动力带动、农业带动、农民收入带动等三个方面,分别用农村就业人口占本镇就业总人口比例、城乡居民收入比等定量数据表征。

○ 产业发展环境采用产业投资环境与产业吸引高端人才能力两个指标表示,具体指标分别用产业投资额增速和龙头企业大专以上学历就业人数增速两个定量指标来表征。

○ 特色鲜明的产业形态是小城镇的核心特色,因此,在百分制的评分体系中,对此给予25分的权重。

2、美丽宜居(25分)

○ 和谐宜居的美丽环境是对小城镇风貌与建设特色的要求。

○ 首先是对城镇风貌特色的要求，依据研究，将城镇风貌分为整体格局与空间布局、道路路网、街巷风貌、建筑风貌、住区环境等5个指标，全方位评价小城镇风貌特色。

○ 其次，标准对镇区环境(公园绿地、环境卫生)以及镇域内美丽乡村建设两大项提出了相关考核要求。

○ 和谐宜居的美丽环境是特色小镇的核心载体，对此给予25分的评分权重。

3、文化传承(10分)

○ 彰显特色的传统文化关乎小镇文化积淀的存续与发扬。因此，标准从文化传承和文化传播两个维度考察小镇的文化传承情况。

○ 由于不是所有的小城镇都有很强的历史文化积淀，加强对缺乏历史文化积淀的小镇在文化传播维度的审查。此项指标的权重为10分。

4、服务便捷(20分)

○ 便捷完善的设施服务是特色小镇的基本要求。小城镇设施服务的标准较为成熟，依据以往经验，标准从道路交通、市政设施、公共服务设施等三大方面考核小镇的设施服务便捷性。

○ 同时，注重对现代服务设施的评审，包括WIFI覆盖，高等级商业设施设置等指标。此大类是特色小镇的硬性要求，给予20分的评分权重。

5、体制机制(20分)

○ 充满活力的体制机制是特色小镇最后一个重要特征。

○ 首先，小镇发展的理念模式是否有创新。发展是否具有产镇融合、镇村融合、文旅融合等先进发展理念；发展是否严格遵循市场主体规律等是考察的重点；

○ 其次，规划建设管理是否有创新，规划编制是否实现多规合一；最后，省、市、县对特色小镇的发展是否有决心，支持政策是否有创新。

○ 此大类是考核特色小镇创新发展的要求，给予20分的评分权重。

浙江"特色小镇"考核再出重手:5个被降级、1个遭淘汰

○ [摘要]"特色小镇"的规划面积一般控制在3平方公里左右,建设面积控制在1平方公里左右。原则上,3年内要完成固定资产投资50亿元左右(不含住宅和商业综合体项目)。

◉ 会议现场

○ 8月3日从浙江省特色小镇规划建设工作联席会议办公室获悉,2日召开的全省特色小镇规划建设工作现场推进会发布了2016年度省级特色小镇创建和培育对象考核结果,余姚市、天台县、平阳县、平湖市、宁波北仑区的五个小镇从"创建对象"被降格为"培育对象";龙游县的"新加坡风情小镇"被淘汰,从培育对象名单中剔除。

○ 在2015年度的考核中,宁波奉化区一家特色小镇曾因固定资产投资、特色产业投资等方面差距较大,被从"创建对象"降格为"培育对象"。

○ 有别于行政区划单元和产业园区,浙江的"特色小镇"是相对独立于市区,有明确产业定位、文化内涵、旅游和一定社区功能的发展空间平台。2015年,该省发布《省政府关于加快特色小镇规划建设的指导意见》,在全国率先提出建设"特色小镇"。

○ 据了解,"特色小镇"的规划面积一般控制在3平方公里左右,建设面积控制在1平方公里左右。原则上,3年内要完成固定资产投资50亿元左右(不含住宅和商业综合体项目),所有"特色小镇"要建设成为3A级以上景区,旅游产业类特色小镇按5A级景区标准建设。

○ 根据《意见》,特色小镇创建"宽进严定",由各县、市、区将创建方案、产业定位、投资主体、投资规模、建设计划、概念性规划等报省特色小镇规划建设工作联席会议办公室,根据其产业定位分别由省级职能部门初审,再由该办公室组织联审,报联席会议审定后,由省政府分批公布创建名单。

○ 对审定后被纳入创建名单的特色小镇,浙江建立年度考核制度,对考核合格的兑现扶持政策。通过三年左右的创建,符合要求的将被认定为省级特色小镇。在8月2日的推进会上,杭州玉皇山南基金小镇、梦想小镇被授予首批"浙江省特色小镇"。

○ 2015年6月,浙江公布首批37个省级特色小镇创建名单;去年8月,第二批42个创建对象出炉;在2日的推进会上,第三批共35个创建名单公布。

○ "除了6个被降级的和2个已被授牌为省级特色小镇的,目前全省有106个创建对象。"省特色小镇规划建设工作联席会议办公室相关负责人告诉澎湃新闻,建设实绩是考核的唯一标准,后期将对被降格的特色小镇进行约谈。

特色小镇与特色小城镇区别

名称	特色小镇	特色小城镇
概念	○ 特色小镇主要指聚焦特色产业和新兴产业，集聚发展要素，不同于行政建制镇和产业园区的创新创业平台。 ○ 特色小镇是相对独立于市区，具有明确产业定位、文化内涵、旅游和一定社区功能的发展空间平台，区别于行政区划单元和产业园区。	○ 特色小城镇是指以传统行政区划为单元，特色产业鲜明、具有一定人口和经济规模的建制镇。 ○ 一般指城乡地域中地理位置重要、资源优势独特、经济规模较大、产业相对集中、建筑特色明显、地域特征突出、历史文化保存相对完整的乡镇。
主管单位	○ 国家发改委	○ 住建部
提出背景	○ 经济转型升级 ○ 城乡统筹发展 ○ 供给侧结构性改革	○ 新型城镇化建设 ○ 新农村建设
面积	○ 规划面积控制在3km²（建设面积控制在1km²）	○ 整个镇区（一般为20km²）
产业类型	○ 信息技术、节能环保、健康养生、时尚、金融、现代制造、历史经典、商贸物流、农林牧渔、创新创业、能源化工、旅游、生物医药、文体教	○ 商贸流通型、工业发展型、农业服务型、旅游发展型、历史文化型、民族聚居型等
特色小镇建设	○ 政府引导 ○ 企业主体 ○ 市场化运作	○ 政府资金支持 ○ 统筹城乡一体化 ○ 规划引领建设

特色小镇建设中的"五小五大

○ 特色小镇建设要立足做好体量规模的"减法""除法"和功能效率的"加法""乘法"。其关键是构建小政府催生大服务，重点是建设小城镇带动大供给，核心是搭建小平台形成大吸力，基础是运用小杠杆孵育大功率，要义是放大小景观培植大经济。

○ 特色小镇在本质上是一个独立的经济单元。建设特色小镇是聚集生产要素、培育经济发展新动能的重要"切入点"和"发力点"。特色小镇建设的基础是资源禀赋的独特性和唯一性，因而其规划、设计和建设不能"千篇一律"、万众一"芯"。在实践中，特色小镇在主体方面应该做足"减法"和"除法"，而在功能方面则应该做足"加法"和"除法"。具体而言，就是要理清五个方面的思路，正确处理好"大"和"小"的关系，形成特色小镇建设的"聚合力"和"向心力"。

"小政府、大服务"：深化体制改革，激发建设活力

○ 释放特色小镇内生动力的关键要素是深化体制机制改革和创新，防止机构臃肿和"机关病"的出现。一是推进行政管理体制改革，实行"大部门制"。依靠现有力量，加大资源整合力度，提高行政效率。深入推进特色小镇扩权，强化事权、财权和人事权制度改革。深入推进简政放权，实行行政审批"一个窗口"受理承办并联审批模式，降低行政成本。成立特色小镇专门服务机构，实现服务班子高配、权力下放、封闭运行和自主管理。二是推进户籍制度改革，开放落户限制。全面开放特色小镇落户限制，落实居住证制度。着力加大对投资

者、管理者、技术人员、创业人员、高端人才和留学归国人员的落户制度改革力度，积极探索以稳定职业、稳定住所、参加社会保险年限、连续居住年限等为依据，合理确定落户条件。制定出台居住证持有人享有基本公共服务和便利的清单，扩大对居住证持有人的公共服务范围并提高服务标准。三是推进产权制度改革，实行"弹性"收益制度。积极盘活存量土地，建立低效使用土地再开发激励机制。建立健全农民土地承包权、宅基地使用权、集体收益分配权自愿有偿流转和退出机制。四是推进投融资机制改革，拓宽融资渠道。大力推进政府和社会资本合作，利用财政资金撬动社会资金。建立特色小镇建设基金和产业投资基金，积极申请国家专项建设资金。发行企业债券、项目收益债券和专项债券。支持小微企业设立融资风险补偿资金池。大力推行PPP等融资模式。

"小城镇、大供给"：提升发展质量，盘活带动能力

○ 高水平的公共服务供给能力特别是高质量的教育医疗资源供给，是特色小镇聚集发展能力的重要因素。以较小的特色小镇服务实体，实现"大供给"能力，是特色小镇提升发展质量、盘活带动能力的关键路径选择之一。一是提高公共基础设施供给能力。按照公共服务资源均等化的原则统筹布局建设学校、医疗卫生机构、文化体育场所等公共服务基础设施。合理布局特色小镇"功能区"，加大公园、绿地、休闲娱乐、开放式住宅小区等的建设力度。二是提高公共服务供给能力。着力提升公共服务质

量和水平，保障特色小镇内各类人员享受高质量的教育、更优质的医疗和高品位的居住资源。着力聚焦各类人员的日常生活、工作需求，大力提升社区服务功能。构建便捷的"生活圈"、完善的"服务圈"和繁荣的"商业圈"。三是提高民生服务供给能力。大力实施医疗卫生服务能力提升计划，加大硬件设施建设力度，提升诊疗水平。推进义务教育学校标准化建设，推动市县知名学校和城镇学校联合办学，扩大优质教育资源的覆盖面。大力实施吸引本土人才回乡就业和创业计划，鼓励和引导专业技术人员、创业人员和农民工回乡定居。大力实施聚力富民计划，不断提升群众人均收入水平，让群众切实富起来。

"小平台、大吸力"：推动要素聚合，培育整合动力

○ 产业要素集聚是特色小镇生存和发展的生命力所在。通过搭建各类平台，发挥平台的吸引效应和聚合效应，加大要素聚合力度，是培育和整合特色小镇发展动力的重要途径。一是搭建政策平台，提升制度吸引能力。建立人才引进和使用制度，确保人才"引进来、用得好、留得住"。完善农用土地转用、征收制度，加大对现有工业用地追加投资和转型改造，充分利用地上、地下空间和存量土地。建立行政审批和财政资金引

导制度，深化涉企税费改革，盘活主体活力。二是搭建保障平台，提升服务吸引能力。搭建面向大众、服务小微企业的低成本、便利化、开放式服务平台，构建立体有效的"服务网络"。建立初创期、中小企业和创业者提供便利完善的"双创"服务制度。构建有利于创新创业的营商平台，推动投资便利化、商事仲裁、负面清单管理等改革和创新。三是搭建创新平台，提升要素吸引能力。搭建创新创业平台和载体，鼓励大众创业、万众创新。构建富有活力的创新生态圈，集聚创业者、风投资本、孵化器等高端要素，促进产业链、创新链和人才链的耦合。依托互联网拓展市场资源、社会需求与创新创业对接通道，推进专业空间、网络平台和企业内部众创，推动新技术、新产业、新业态蓬勃发展。搭建企业家创新平台，吸引和集聚高端要素、新产业、新技术、新业态和现代服务业。搭建产学研互动平台，推动校企合作、产研融合、产教融合，与高等学校和科研院所共建技术孵化基地、科技创新基地和人才培养基地。

"小杠杆、大功率"：完善配套措施，催生发展拉力

○ 便捷完善的基础设施是特色小镇产业集聚的基础条件，应该按照适度超前、综合配套、集约利用的原则大力加强特色小镇基础设施建设。一是大力加强城镇基础设施建设，发挥杠杆效应。根据特色小镇的整体规划和顶层设计，大力加强道路、供水、供电、通信、污水垃圾处理、物流、健身休闲、体育锻炼、绿化景观、公园、公共停车场等基础设施建设，增强特色小镇基础设施的便利性和舒适性，发挥杠杆效应，吸引产业、资本和人才。二是大力加强信息基础设施建设，发挥外溢效应。大力实施信息

惠民计划,充分让小镇的各类组织和个人分享信息建设红利。实施信息网络基础设施建设工程,大力推动网络提速降费,提高宽带普及率,加速实现WIFI全覆盖。加快光纤"进企入户"进程,建设"智慧小镇"。三是大力加强交通基础设施,发挥辐射效应。实施交通衔接工程,加强与交通干线、交通枢纽城市的连接,提高高速公路等级和通行能力。建设立体交通网络,大力建设或衔接市区铁路、高速公路,建设交通延长线,形成各层次交通骨干网络,促进互联互通。加强步行和自行车等慢性交通设施建设,做好慢行交通系统和公共交通系统的衔接。

"小景观、大经济":保护生态环境,挖掘经济潜力

○ 优美宜居的生态环境是特色小镇底蕴。按照突出"功能叠加"、宜居宜业宜游,注重文化植入的原则,保护小镇特色景观资源、生态资源和历史文化资源,充分运用"小景观",做好"大经济"。一是构建生态网络,做大"绿色经济"。加大自然生态、湿地资源等的生态养护力度,突出本地生态环境特色。实施生态环境修复工程,加大水、大气、环境等保护和修复力度,确保天蓝水清、环境优美。大力在海绵城市、景观绿化、绿色建筑、地下管廊等领域开展研究创新,将绿色资源转化为"绿色经济"。二是强化环境治理,做大"美丽经济"。大力开展大气污染、水资源污染、土壤污染治理力度,利用溯源倒逼、系统治理的办法,带动特色小镇环境质量全面改善。大力推动湿地、温泉、绿地、河湖、林地、耕地等资源与旅游业有机结合。遵循风情小镇、景区小镇的要求规划建设特色旅游景区。大力实施"彩化工程",在小镇主干道或周边种植景观树种和珍贵树种,将美丽资源转化为"美丽经济"。三是保护文化遗存,做大"旅游经济"。按照"修旧如旧"的原则对历史文化遗存、古村古镇、文物古迹、民俗风情等的保护力度,深入挖掘历史文化的深刻内涵,重点突出历史记忆和乡愁特色,打造历史文化彰显、地域风貌明显、地方特色突出的特色小镇。着力把历史文化资源和观光旅游业、现代服务业集合起来,做强"旅游经济"。

从楼盘到文化村演变 万科良渚：百亿投入九年收回

○ 在特色小镇兴起的浙江省，由万科主导的良渚文化村已成为开发商主导的特色小镇建设样本。这个已经开发培育17年的项目，从最初的远郊旅游大盘逐渐发展成为居住和产业融合的特色小镇，在文创、旅游、养老、教育等产业导入上初具规模，为当地带来了就业和税收。然而作为开发商主导的特色小镇项目，良渚文化村仍然未能摆脱"地产化"，万科来自于文化村的营收更多的依然依靠销售楼盘。此外，前期开发以及后期运营中大量持续性的资金投入、产业与居住的深层次融合也一直考验着特色小镇开发路上的万科。

演变：从楼盘到文化村

○ 距离杭州市中心16公里的良渚文化村是已被打造17年的项目，在"特色小镇"的概念兴起前，这里被定位于一个纯粹以生态、观景、人文名胜、休闲游乐与人居为定位的功能完整、形态丰富的城镇，而在万科内部，良渚文化村也已经超过了一般意义上的房地产项目，"良渚文化村是一块试验田，对万科未来的发展具有很大的参考意义，万科在

全国，这样的项目也是惟一的"。万科董事会主席、总裁郁亮曾经对外表示，万科提出的"三好理念"——好房子、好服务、好邻居，在良渚文化村里得到了淋漓尽致地体现。

○ 实际上，万科良渚文化村在诞生之初并没有赋予如此多的意义，它只是一个普通的房地产大盘，由南都房地产集团于2000年启动，2006年万科并购南都后接手，对良渚进行了"城市配套服务商"试验田的打造。例如，在良渚村内执行了医疗、教育、宗教、交通等职能，兴建了学校、教堂、寺庙、图书馆等一批公共设施，开通往返城区的业主班车，同时还组织发起社区文明公约《村民公约》。这些元素，为良渚文化村打上了"理想宜居"的标签。作为一个房地产项目，截至2016年8月，良渚文化村共交付1万余户，常住6600余户，入住率超60%。

○ 万科良渚文化村发展成为现在的模样，并非都在万科的设想之内，而是在项目销售的过程中逐渐培育起来的，2011-2014年间任良渚文化村助理总

经理一职的沈毅晗在接受媒体采访时曾介绍，开发商最早的时候尽管规划了小镇，但是起步往往是住宅，并且配套了一些社区商业。慢慢交付了2000多套房子后，发现根本没办法居住，居民反映的包括交通、医疗、教育、吃饭等配套问题，在解决的时候才逐渐形成了现在的良渚文化村。也正因此，沈毅晗认为新型城镇化是一个复杂的命题，要解决住的问题，也要解决的配套问题。

产业2.0：人居产业5：5

○ 不过，和房地产项目单纯强调宜居不同的是，特色小镇在建设中更加注重通过产业聚集，融产业、旅游、社区、人文功能于一体，以生态文明的理念推动人口城镇化、优化人口结构的同时促进房地产、金融、公共服务等配套设施产业的发展。

○ 公开资料显示，目前万科良渚文化村已形成了四大产业基础，即文创、教育、养老、旅游。年产值4.4亿元的玉鸟流苏创意产业园一期和正在规划的二期，加上良渚文化艺术中心的辅助，构成了文创产业；旅游产业的年产值也实现了过亿元，预计今年接待游客数量将达到60万元，文化村中以良渚博物院为中心的区域已在2012年被评定为国家4A级旅游景区；良渚文化村还打造了以安吉路良渚实验学校（民办）、万科学习中心、万科假日营地、良渚国际艺术学院等为核心的教育产业；以随园为核心的养老产业在良渚文化村已经进入了第八年。

○ 公开数据显示，目前良渚文化村文创、教育、养老、旅游四大产业已累计投资20亿元，提供就业岗位超过3000个，整个良渚文化村年产值达到16亿元。而在此基础上，万科良渚文化村在产业升级上也已形成了基本的思路。

○ 目前这项重任主要有三个抓手，第一个抓手是杭州万科在距离良渚文化村2-3公里外新增的城市综合体项目用地，25万方体量中有5万-6万方为产业用地。目前是以剧院和文创产业为主的定位和规划。这也是良渚文化村产业2.0的桥头堡；第二个抓手是玉鸟流苏二期，玉鸟流苏一期是文创园，已入驻翻翻动漫等多家文创企业；良渚产业的第三个抓手是把旅居业务线做完整。旅游本身也是产业，良渚旅游有一个单独的事业部——旅居事业部。

○ "我们之前看到的小镇中比较合理的产业比例是在30%-40%之间，人居比例在40%-50%之间，公建配套比例在10%-20%之间，这个比例是比较合适的。但良渚文化村此前人居比例偏高了，占了65%，其他是35%。未来我们把其他补上以后，慢慢会变成五五的概念。如果人居比例达不到40%-50%之间，意味着产业所吸纳的就业人员将无法在这个小镇拥有生活，那对小镇后续的发展也会有所影响。"良渚文化村相关人士在接受媒体采访时如是介绍。

运营：九年后才实现正现金流

○ 高力国际一份关于特色小镇的调研报告显示，传统地产运营商由于缺少产业运营经验，一般都难以对产业进行深入系统的设计和定位，特别是难以对特定产业上下游环节进行细致的考量。但良好的产业基础是特色小镇发展的初始驱动力，特色小镇的发展需要靠产业的导入来带动产业结构的形成，从而实现小镇的空间结构、社会结构融合。

○ 在开发商缺少产业导入经验的同时，需要长期、大量资金投入的特色小镇也考验着推崇快周转的开发商的资金承受力。沈毅晗接受媒体采访时介绍，良渚文化村于2000年拿地，2002年正式开发。"万科从未仔细算过单个小镇的投资回报账，不过肯定已经超过100亿元了。"

○ 至于营收，他表示良渚文化村在2009年，也就是拿地后的第九年才开始逐步实现正现金流，11年后实现盈利。不过即便实现盈利，主要靠的还是房地产销售，至于后期导入的旅游、文创等

产业的贡献只占小比例。

○ "为了导入产业，良渚文化村在2004年启动酒店项目，2008年先后开设博物馆与创意园区，2009年设立学校、医院等。我们的小镇也有产业，但是目前还是以房地产业为主，2016年才开始向旅游、教育、文化等转型。" 沈毅晗如是介绍。而在未来的很长一段时间，房地产开发还将是主要贡献力量。"现在看来已经完全是利润了，因为后续有100多亿元的销售额，而且周边也在持续拿地、布局和开发。"

○ 先开发后导产业、先卖楼后靠产业，这也是目前以开发商为主导的特色小镇的运营模式雏形。

○ 沈毅晗介绍，小镇的先导产业建设需要大量的现金流，只有房地产才能带来快速现金周转，一般来讲，多数开发商出售楼盘、收回现金流后，才开始进行项目的配套建设。因此沈毅晗认为投资收益周期长的特色小镇，若没有考虑清楚，开发商是很难熬过的。"企业都是靠资本来推动，什么样的资本能熬十年不赚钱？地产类小镇的开发模式并没有成熟。"

○ 待解题：解套开发商和解决更多就业

○ 值得一提的是，作为万科"城市配套服务商"试验田的良渚文化村在万科内部至今没有得到复制，在沈毅晗看来不可复制的原因在于投入收益周期长，另外，在良渚文化村的管理和运营上，还有很多未解之题，例如，公共职能开发商需履行多久？开发商撤退后，又应该由谁来接替？

○ 戴德梁行北中国区策略发展顾问部主管王晨指出，在特色小镇的"小镇"方面，应注意到小镇的城镇功能完备性，除产业功能、旅游设施外，应具备居住及其他城镇配套的自我满足。特色小镇中应有真正的原居民，同时能留住外来

访客7×24小时，甚至更长时间停留，换句话说，除了产业特色外，居住特性也是小镇需要具备的。

○ 由于良渚文化村是由远郊楼盘起步，在开发之初远郊的政府行政职能和项目开发水平没有得到匹配，例如小镇在行政区划下可能仅属于县政府，甚至乡政府，而后者的组织架构和人员配套不足以支撑特色小镇的运营，需要有专门的团队来运营。因此，从交通到医疗，从教育到安保，再到良渚文化村有名的《村民公约》都是由万科来主导完成。这也意味着庞大的公共服务支出都是由万科自己来承担。

○ "在解决诸多民生问题上，政府和开发商应该共同介入，但是这一步却举步维艰。"沈毅晗如是坦言。不过，万科也在尝试逐渐放手。据悉，2014年起万科开始逐渐降低在公共服务上的投入，"因为政府来接手公共服务职能还有一个过程，但开发商已经承担了，而且做得不错，所以现在处在一个交接期，但居民总是希望有更好的服务。"沈毅晗介绍。

○ 除解决"宜居"问题外，"产业导入"也是摆在开发商面前的难题之一。万科

虽然目前已在文创、教育、养老、旅游四大产业上有了基础，但是在初期也碰过壁。沈毅晗著有《走进梦想小镇》一书，他在该书中提到2012年万科曾启动良渚文化村内的新街坊招商，但到场80多商户没有一家最终在此开店。有商家表示，村内人流量太少，开不起来。最终，很多店铺都租给了当地居民开设，到后期入住率高了才形成良性循环。

○ 因此，如何通过产业的导入为当地带来就业、提高居民收入及吸引人居住，从而进一步为当地带来纳税也是特色小镇可持续性的标志，若只依靠"流动人口"很难拥有持续性的发展。这就要求小镇的就业人口和常住人口要相互平衡。

○ 据悉，良渚文化村还有1.5万套，未来仍有5000余套的开发任务。到2022年，良渚要入住4万-5万人。常住人口的不断增加也对良渚的产业导入提出了更高的要求，如何落实更多人的就业，让小镇拥有自我造血的功能，这是摆在良渚文化村面前的新问题。(来稿：北京商报)

BEIJING AND HEBEI ZUIMEI TOWN FEATURES

京冀醉美特色小镇
——北京奥伦达部落

地点：北京与怀来交界处

客户：北京光辉伟业房地产开发有限公司

设计：三磊设计

内容：策划/规划设计/建筑设计/工程设计

占地面积（已开发）205万m²

占地面积（待开发）115.8万m²

时间：2004年-至今

◉ 项目亮点

建筑布局因地制宜，减少土方量，保持原有山形地貌。通过对建设用地的分析，充分利用现状地形及景观优势，布置不同产品，使土地价值最大化。

总平面图

○ 从北京出发,沿八达岭高速一路向北,驶入绿翠掩映的山间公路,在蜿蜒起伏的自然山谷之间,一座依山而建的小镇映入眼帘,仿佛是世外桃源。

○ 这里被誉为京冀醉美度假小镇,环北京空气质量最好的区域之一,坐拥龙庆峡、石京龙滑雪场、康西草原、松山、玉渡山、八达岭长城等大批旅游景区的。这里就是曾经的原乡美利坚,现在的奥伦达部落。

○ 2004年,三磊首次担纲原乡美利坚小镇一期的设计工作,至今已与开发团队合作达10余期项目,且在未来依然规划有多期设计任务。12年间,原乡美利坚品牌升级为奥伦达部落,成就了"醉美小镇、度假神盘"的美誉,而三磊也在这片土地上设计深耕了12年。

○ 奥伦达部落位于北京与河北怀来交界处的古崖居西侧,三面环山,南临官厅水库,该区域是天皇山景区的入口位置,拥有得天独厚的区位优势。其周边众多的旅游资源决定了奥伦达部落并非一座孤立的小镇,而是该区域旅游资源的核心。

○ 这座小镇具有典型的山地特点,依山傍水是项目的自然优势,而山地设计的复杂性是对设计团队的重大考验。为此,三磊设计与原乡团队共赴瑞士多个经典山地小镇考察,通过实地项目的分析、讨论与研究,形成对山地项目的设计共识。与此同时,三磊设计也积累了丰富的山地设计实操经验。

○ 整体设计上,三磊团队结合自然资源,为项目争取更多的优势条件。建筑

布局因地制宜,减少土方量,保持原有山形地貌。西镇是奥伦达部落最为重要的门户区域,位于整体地块的东北侧,以西镇文化中心、西镇红酒博物馆、西镇酒店、西镇梦想街、小镇教堂等业态组成,构建起小镇的配套中心。西镇周边围绕着戴维营与美利坚系列别墅区,美式与山地风格的度假别墅,将两个系列的居住产品形成风格上的差异化。其设计原则均是通过对建设用地的分析,充分利用现状地形及景观优势,布置不同产品,使土地价值最大化。

○ 依托自然山体景观,建立起的以红酒主题庄园以及马场文化体验区,可以满足体验、居住、游玩等多种需求,更可以承接外部活动,带动起小镇的商业与文化氛围。而国际学校、医疗中心、民俗小镇的规划设计则更大范围的完善奥伦达部落的功能配套。

○ 经过10余年的规划设计与运营发展,奥伦达部落已经成为国内最成功的特色小镇之一。作为该项目的总设计师三磊

总裁张华先生在接受媒体采访时说：

○ "过去12年间，我们对原乡美利坚小镇的规划设计一直在缓慢、持续地进行。项目原本定位于度假休闲，居住的人多了，周边依次建立起学校、教堂、医院、马场等，形成了独立的社群文化。越来越多的人开始选择长期居住，发展新的产业，最终'汇聚'成一个真正意义上的小镇。"

○ "短期内'空降'某种产业，或是迁走原住民，打造一个旅游景点，特色小镇的意义并不在于此。"这是三磊设计对于当下兴建特色小镇热潮的观点。

○ 一座特色小镇，看似偶然形成的风格、自然发生的风情，事实上都是经过各个模块多尺度设计的结果。只有建立起有机增长的模板，小镇就会像一株植物般顺着阳光的方向慢慢生长，在成长过程中叠加人与社群的行为，使小镇变得更加有温度、厚度和吸引力。

VANKE COUNTY WEST LANSHAN

万科郡西澜山

—— 良渚文化村C街坊

项目地点: 浙江杭州
开发商: 万科集团
建筑设计: 上海中房建筑设计有限公司
建筑面积: 371 699 m²

项目概况

○ 白鹭郡西住宅项目属于良渚文化村C街坊。良渚文化村经过十余年的发展，已经形成一个集生态、人文名胜、休闲、人居为一体的功能完整、形态丰富的泛旅游城镇。郡西用地东临风情大道，北侧与白鹭郡北相邻，中间隔以50米宽绿化带和通往附近大雄寺的一条支路，西北侧、西侧以及南侧为自然山体，地形高差较大，西南侧面向五狼山水库，自然环境十分优越。基地内原有石材矿区，遗留有南北共两个矿坑，经过多年的护坡覆绿，

植被情况良好。郡西总用地规模33.66公顷；一期已建部分为其北端，本次规划的二期用地为其剩余部分，位于基地南侧和西侧，总建筑面积为37万平方米。

规划布局

○ 二期用地内地形变化较大：东侧为较平坦的东向缓坡；中段有南北两个矿坑，场地内主要为矿坑生成的若干台地和小断崖；西侧基本为南坡，坡向五狼山水库，与东侧用地以小山丘相隔，植

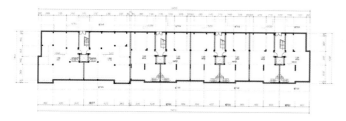

地下一层平面图

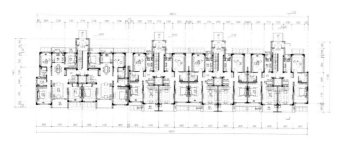

二层平面图

被良好、环境幽深。总体规划根据地形地貌特点，将场地划分为三个组团，并根据开发顺序，东侧缓坡区域为二期-1组团，中段矿坑区域为二期-2组团，西侧水库区域为二期-3组团。各个组团之间以及与一期之间留有足够尺度的绿化景观通廊，注重山景的渗透，利用地形山坳形成防洪水系，建构山水骨架。

○ 二期-1组团地形较平坦，布置五层的情景洋房，形成由东向西逐次升起的若干台地。二期-2组团南北向狭长，南侧与二期-1组团邻近，也布置情景洋房，北侧布置排屋，与一期的合院排屋形成空间尺度的过渡。洋房区域和排屋区域之间原为泄洪通道，利用建构景观水系。二期-3组团地形陡峭，布置排屋，利用建筑自身的高差合理适应地形。二期的会所和配套设施主要分于两处：一处邻近二期主干道与风情大道的接入口，便于居民使用；另一处位于二期主干道尽端、水库东北角，景观优渥。

二至四层平面图

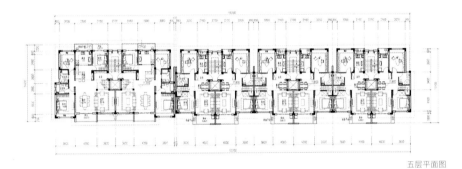

五层平面图

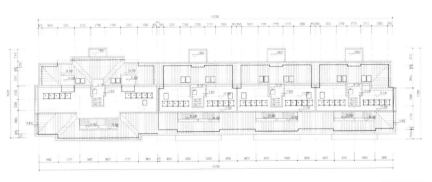

屋顶夹层平面图

屋顶层平面图

立面设计

○ 外形设计充分考虑项目所处良渚地区的大环境,从其悠久的历史传承及现代的居住开发中汲取灵感。设计采用四坡屋顶,墙身采用粗骨粒涂料,基座部分采用石材处理。在一些节点部位,通过具有符号性的独特细部彰显项目的独特品质。通过这些设计处理,着力营造一种粗野中不乏精致,乡土中又不乏诗意的居住建筑意境,使整体造型既符合杭州良渚地区独特的区域特质,又符合山地建筑这个特定的场地条件,同时充分利用新时代新工艺以更好地满足住户的需求。

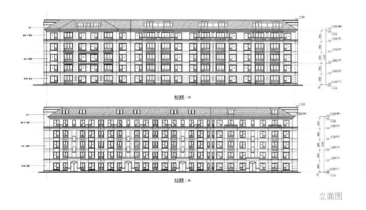

立面图

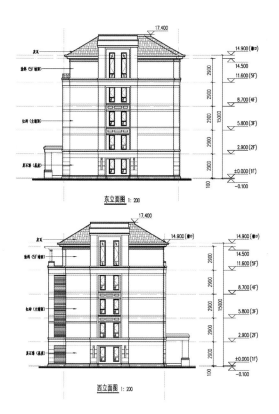

东立面图 1:200

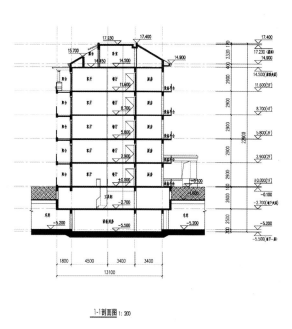

1-1剖面图 1:200

西立面图 1:200

户型设计

○ 本项目住宅平面设计强调房型的功
能性要求，根据客户群的特点和品质需
求，结合室内一并精细化设计。从房间
面宽进深的尺度推敲，到户型面积的精
细控制，尤其对主卧功能区的设计及公
共空间如客厅、餐厅、厨房、卫生间、跃
层空间等设计，使居住者能清晰体会和
享受高品质的生活和先进的家居理念。

TAI YU ZHEN YI BIN, THE SILK ROAD

太峪镇·丝路豳州驿
—— 古朴和西域风情的有机结合

项目地址：陕西省咸阳市彬县太峪镇

规划建筑设计：棕榈建筑规划设计（北京）有限公司

开发商：海升集团

总建筑面积：5 500m²

用地面积：10.3ha

容积率：0.05

建成时间：2016年10月

◉ 项目亮点

街区规划设计按主题组团展开，以线性步行系统加以联系，通过富于变化的街道设计，拉伸商业沿街面的长度，延展商机，同时，动线组织结合街景的开合收放，达到步移景异的效果。

豳州驿平面图

项目背景

○ 沿丝绸之路，自长安西市北行百卅公里，便进入了太峪川道，这里正是《诗经》所颂的古豳之地，第一佛驿豳州驿便扼守于此，是素有"丝路明珠"之称的彬县旅游门户。

○ 丝路豳州驿景区规划设计依托彬县太峪镇丝绸之路驿站文化遗存和中国莓谷观光农业，集原生态餐饮、休闲娱乐、西域风情展示、驿站文化体验、民俗文化交流、现代农园观光于一体，将丝路文化传承与关中传统村落提升相结合，紧密联系国家"一带一路"精神，以特色旅游带动当地第三产业繁荣发展。激活渭北地域风俗、文化、饮食遗产，形成丝路驿站风情城、中国莓谷采摘园、渭北民俗体验地三大旅游卖点。景区串联起豳州古地自然与人文景观，以餐饮、观光、采摘、购物、休憩为特色的旅游风景线。

项目简介

○ 豳州驿门户景区位于整个豳州驿生态观光长廊东部，也是整个生态观光示范长廊的起点入口。景区总占地176亩，含40亩太平湖水系、80亩果香花海园林公园。商业风情街是整个生态观光长廊的主要景观、文化演绎和商业配套核心区，为游客进入彬县游览、参观的必经路线。

○ 豳州驿门户景区商业街区一期建筑面积3871㎡，主要提供：售、食、演、住、展五大功能，是以丝绸之路为主题的体验式驿站风情园。

设计说明

○ 户景区商业街设计主要分为三大主题组团：

（一）"茶马互市" —— 陕西特色产品区

○ 主题旅游纪念品、佛教工艺品、陕西土特产、著名商标伴手礼、陕西民俗小吃

（二）"灯火阑珊" —— 渭北民俗小吃区

○ 非遗美食、渭北美食、文玩、民俗小商品特色店铺

（三）"清谷食坊" —— 西域文化体验区

○ 咖啡、茶、书吧、丝绸主题休闲店铺及西域清真美食

（四）"果香花海" —— 野外露营区

规划设计

○ 街区规划设计按主题组团展开，以线性步行系统加以联系，通过富于变化的街道设计，拉伸商业沿街面的长度，延展商机，同时，动线组织结合街景的开合收放，达到步移景异的效果。

○ 在街区的节点设计中，引入一些兴致点，规划有清真寺、驿站博物馆、驿站精品酒店，塑造空间的同时，也提振游客的热情。

○ 豳州驿景区的规划设计，忠于本地原生文化，挖掘传统施工工艺，建筑风格将豳地的古朴和西域风情有机结合，独运匠心，丝路西域风情融入关中传统民俗村落特色，精致地复原出了古丝路上驿站小镇的熙攘与鲜活。

建筑设计

○ 建筑设计中充分运用了生土、砖木、泥草等本土材料，并融入了拱券、穹顶

等特有的装饰符号,精心于细节设计,无处不体现着伊斯兰文化和汉文化相糅合的特质,这里有:

○ 巴扎瓦肆,作坊戏台;

○ 古井胡杨,阳关雁阵。

○ 无论七月流火的吟唱,远嫁公主的乡愁,还是风尘仆仆的商贾驼铃,都仿佛隔岸于波光塔影,自远古走来,浩瀚而瑰丽,晕散开一抹千古的寂寥。

○ 人生如旅。

○ 漫漫行程之中,这里如心灵驻足的小驿,给人以别样的旅游体验,游巷陌通幽、品美味珍馐,赏草木皆兵,感古今情怀!

THE ANCIENT SILK TOWN - DIGANG

丝绸小镇·荻港古村
——从守护文化开始

项目名称: 丝绸小镇·荻港古村

项目区位: 浙江·湖州

总规划面积: 127公顷

工作内容: 开发投资、小镇运营、总体规划、建筑设计、景观设计

建设单位: 思纳小镇建设

设计单位: 思纳设计股份

● *不知新建还是改建的明清街*

● *开着仿佛全国连锁的"特产店"*

● *卖着仿佛一家工厂生产的"特产"*

● *总会有一两条河*

● *沿河必然挂着流行的红灯笼*

● *……*

○ 如今所谓的江南古村镇

○ 总让人有种千篇一律的疲乏感

○ 然而对于规划师来说

○ 古镇的规划究竟该如何做呢?

● "如果古镇的规划没有灵魂

● 那么其本质就是一个普通的新区规划

● 对于一个千年古镇

● 规划师需要学会的应该是留住

● 而不是丢弃"

○ 荻港村位于湖州市南浔区和孚镇,自北宋年间形成村落形态,距今已有千年。

○ 这里你会看到,已经被列入世界非遗的京杭运河从古村穿过,运河一侧,是拟被列为世界农业遗产的"桑基鱼塘",一河之隔,便是至今仍有居民生活的古村住区。在这里,丝绸文化、桑基鱼塘文化、运河文化、吴越文化多种文化交相辉映。

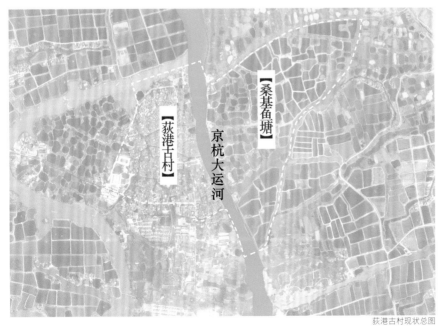

【桑基鱼塘】

【荻港古村】

京杭大运河

荻港古村现状总图

○ "保持因"小"而"巧"的特色

○ 控制古镇的发展规模

○ 使原生态得以留存与延续

○ 原住民能好得在古镇工作生活

○ 才是规划师自身存在的价值"

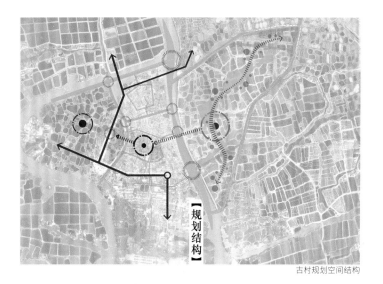

古村规划空间结构

【规划结构】

- "保持因"小"而"巧"的特色
- 控制古镇的发展规模
- 使原生态得以留存与延续
- 原住民能好得在古镇工作生活
- 才是规划师自身存在的价值"

荻港古村规划鸟瞰效果图

○ 基于荻港原本自然形成的功能区域，进行整合与梳理，全面保护荻港的人文环境与自然环境。同时充分考虑未来旅游业的发展，对功能流线进行科学规划，减小旅游对当地居民生活的干扰，达到旅游和生活的共生。

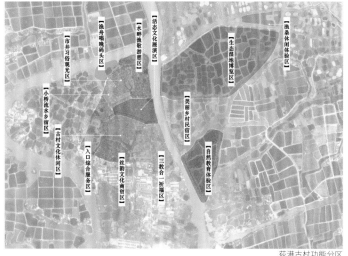

市井习俗观光区
渔舟唱晚码头区
水畔渔歌表演区
活态文化展演区
渔桑休闲体验区
生态湿地博览区
小桥流水乡愁区
古村文化休闲区
入口综合服务区
丝韵文化商贸区
三教合一祈福区
美丽乡村民宿区
自然教育体验区

荻港古村功能分区

- "建筑
- 是时间的记忆载体
- 也经受着时间的考验
- 古镇建筑若想长久留存
- 规划师需要尊重文化脉络
- 也要满足建筑在不同时代的功能诉求"

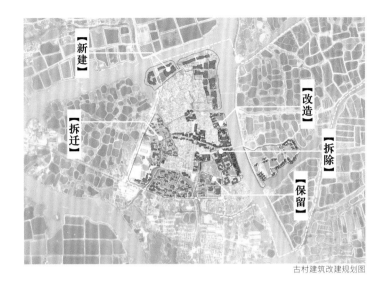

○ 荻港有着诸多的历史建筑，他们记载着古村的发展和文化。所以在规划中，尽可能地保留了历史建筑，在进行修复工作时，也尽可能地还原外立面的本真面貌。与此同时，为了提高建筑的使用性和使用者的舒适度，对建筑的内空间，作功能性与审美性相结合的创新设计。

古村建筑改建规划图

古村建筑修复前后对比效果图

◉ "古镇的本土产业是古镇的符号

◉ 也是一个古镇最打动人的所在

◉ 如果规划师能通过规划设计

◉ 促进本土产业的发展

◉ 那么小镇就真得"活"了"

古村重点旅游商业区域打造

○ 在荻港，岁月的钟表是滞后的，这里的一切仿佛被定格在十数年前。古镇的规划，需减少对原本业态的影响，并对本土产业的发展机遇帮助与支持。与此同时，挖掘当地历史文化价值，对重点区域进行区域性设计与规划，通过促进旅游业对发展来带动当地本土产业发展。

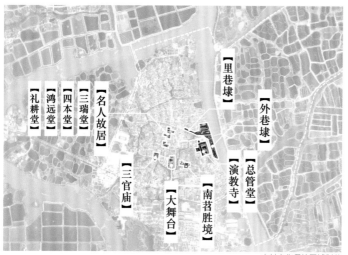

【礼耕堂】【鸿远堂】【四本堂】【三瑞堂】【名人故居】

【三官庙】

【里巷埭】【外巷埭】【总管堂】【演教寺】【南苕胜境】【大舞台】

古村文化保护区域划分

● "文化作为古镇的名片

● 其价值与意义都可以在规划中得以体现

● 不仅仅是保护

● 更需要推广和传承"

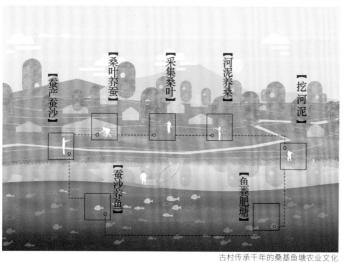

【吞产蚕沙】【桑叶养蚕】【采集桑叶】【河泥养桑】【挖河泥】

【蚕沙养鱼】【鱼粪肥塘】

古村传承千年的桑基鱼塘农业文化

○ 鉴于荻港有诸多的文物古迹，一方面需划定保护范围和建设控制地带，保护其周围的环境风貌；另一方面，充分开发古村游览景点，展现当地的历史文化和民俗民风，通过建设多个文化体验区，达到对当地文化的推广传承作用。

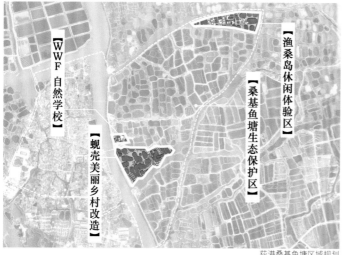

【WWF自然学校】【蚬壳美丽乡村改造】

【渔桑岛休闲体验区】【桑基鱼塘生态保护区】

荻港桑基鱼塘区域规划

○ 现今

○ 大多规划都从产业纬度进行开发

○ 鲜有从文化(社会)立论

○ 更少见以泛生态文化观作为审视取向

○ 而在荻港

○ 也许规划师更应该被称为是卫士

○ 他们守护着荻港的人文历史

○ 守护着荻港的市井百态

○ 让古村得以继续留存而不被大环境所同化

○ 而这

○ 对于这群古镇卫士

○ 只是一个开始

荻港总平面图

YANGSHAN ORIENTAL GARDEN, WUXI

无锡阳山田园东方

——乡村旅游新标杆

项目地址: 无锡市惠山区阳山镇桃溪路和阳杨路路口

开发商: 无锡田园东方投资有限公司

用地面积: 165亩

建筑面积: 首期约48 280 m²

建成时间: 2015年08月竣工

◉ 项目亮点

集现代农业、休闲旅游、田园社区为一体的特色小镇和乡村综合发展模式。以自然物及农业为关键要素,给人以安静闲适之感。景观元素以朴实自然为基调,植物以成片、自然型种植为主,打造宁静舒适的原色生活。

备受关注。园区依托阳山镇优质的生态环境和旅游资源，以乡朴美学为设计指导，遵循"修旧如旧"的原则保留了当地拾房村的建筑空间与建筑元素，同时保留了村内的原乡风貌，最大程度地还原了江南村落的自然形态，并在此基础上打造出具有中国江南乡村风情的田园生活画卷。园区整体工程分为二期进行开发，一期的文旅示范区已于2014年3月28日正式开园，一期的田园社区拾房桃溪项目亦于2015年8月竣工。2016年11月，田园东方与阳山镇、国开金融有限责任公司达成战略性合作，将在一期的基础上共建国内首个田园综合体模式下的田园文旅小镇。

○ 2017年2月，源自无锡阳山的"田园综合体"一词作为乡村新型产业发展的亮点举措被写入中央一号文件。田园综合体也成为了新时代区域发展格局下特色小镇和乡村综合发展的特色模式，倡导人与自然的和谐共融与可持续发展。是集现代农业、休闲旅游、田园社区为一体，在城乡一体格局下，顺应农村供给侧结构改革、新型产业发展，结合农村产权制度改革，实现中国乡村现代化、新型城镇化、社会经济全面发展的一种可持续性发展模式。

○ 无锡阳山田园东方项目是田园东方投资有限公司实践田园综合体模式的首个项目，目前已打造成江苏省知名的旅游资源，无锡市休闲旅游的新名片，被誉为"国内新型城镇化、城乡一体化示范区和乡村旅游新标杆"。

○ 项目位于无锡惠山区阳山镇，地处江南，南临太湖，北依京杭大运河，有"中国水蜜桃之乡"的美誉。阳春三月，十里桃花，更是当代的世外桃源。自2014年开园以来，已接待近百万游客，迎来各地各级领导和行业专家多次实地考察，

总平面图

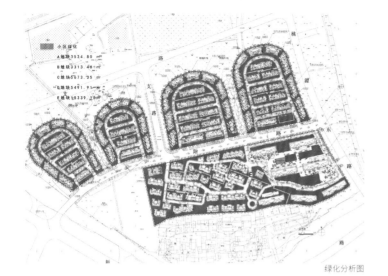

绿化分析图

景观分析图

交通分析图

设计理念

○ 随着时代的发展,和"互联网+"的大趋势,以及乡村旅游的蓬勃兴起和土地政策改革利好,为人们离开城市,踏入乡村带来了很大的政策上的引导和机遇,由此田园综合体的概念也孕育而生。它是中国乡村现代化,建设特色小镇,实现社会经济全面发展的模式选择。田园综合体以新田园主义理论的十大主张为指导,科学合理产业规划,构建"现代农业、文化旅游、田园社区"的产业模式,开发"田园农业"、"田园度假"、"田园游乐"、"田园社区"、"田园文创"等组成的田园文旅小镇及其他生态文旅项目。也是集现代农业、休闲旅游、田园社区为一体的特色小镇和乡村综合发展模式。

○ 无锡田园东以自然物及农业为关键要素,给人以安静闲适之感。这里没有污染,没有喧闹,远离浊世,清净悠然。景观元素以朴实自然为基调,植物以成片、自然型种植为主。打造宁静舒适的原色生活。感受悠闲舒畅、自然浪漫的田园生活情趣。将低调的奢华隐匿其中,运用天然木石、藤竹等材质质朴的纹理,巧于设置绿化,创造自然、简朴、高雅的氛围。

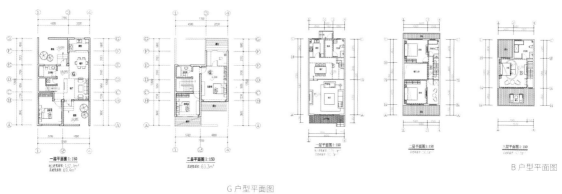

一层平面图 1:150
二层平面图 1:150

G 户型平面图

B 户型平面图

一层平面图 1:150
二层平面图 1:150

F 户型平面图

A1-1 户型平面图

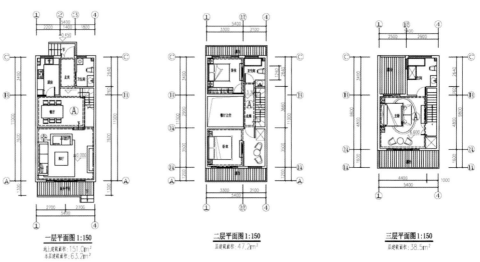

一层平面图 1:150
地上建筑面积:151.0m²
本层建筑面积:63.2m²

二层平面图 1:150
本层建筑面积:47.2m²

三层平面图 1:150
本层建筑面积:38.5m²

A 户型平面图

绿化景观设计

○ 开阔空间，打造原生态的绿色王国

○ 环境是整个田园社区的灵魂，也是衡量社区生活质量的重要标准。全面的田园社区景观环境设计考虑到的是：日常户外使用、环境、绿化三方面的内容。尽量增加绿化面积，并以环绕景观绿带，宅前入户花园以及低层住宅后庭院配送田地，构成了由公共至私密的景观系统，达到人与自然和谐共融的风景，营造田园社区可识别的个性特征。结合村民广场、溪水，有凉亭、竹篱、石板小径穿插其间，点缀以村树、竹林、蔬菜园、时令花卉、增添田园社区的勃勃活力与生机。营造绿意葱葱，错落有致，步移景异的村落式居住空间，使入住其中的游客能深切地

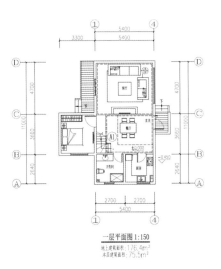

一层平面图 1:150
地上建筑面积：176.4m²
本层建筑面积：75.5m²

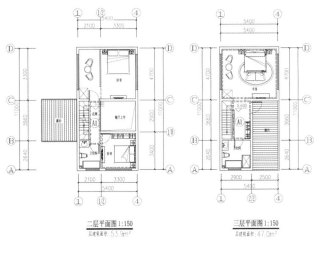

二层平面图 1:150
层建筑面积：53.9m²

三层平面图 1:150
层建筑面积：47.0m²

A1 户型平面图

原木格栅　深咖色金属漆　主墙面——浅色拉毛涂料

钢构架　深咖色金属漆　玻璃肋　暖黄色涂料，勾缝　隐框/无框白玻

具有中式意境的灰砖木结构呼应的是居民对品质感的需求。减少建筑装饰性构建的使用，力求营造出设计简洁，注重周边建筑立面的和谐统一格调。

○ 此外，建筑设计还结合地势，注重与环境的融合。建筑设计与景观设计同步综合考虑，表现出对景观资源最大化利用的理念。低层住宅产品以三层为主，停车方式考虑为地面停车，减少建造成本，并有效缩短施工周期，在能源利用

感受到朴拙、优雅的生活情趣是环境设计的最终目的。值得一提的是，无锡田园东方蜜桃猪的田野乐园将日本与台湾的农场概念搬到了我们身边，利用舒朗的微地形草坡，以自然教育理念为设计宗旨，利用泥土、木头、树桩、树枝等原生材质，为孩子们打造出一片原生态的绿色乐土。田野乐园里生活着奶牛、山羊、小马、小猪等可爱生物，孩子们可以与其它们进行亲密地接触，同时田野乐园里还有各种无动力设施，小朋友们可以和爸爸妈妈们来一场模拟野外拓展，发挥勇敢冒险的潜能！

建筑设计：与环境相融合 打造绿色生态

○ 建筑立面采用田园气息的主题风格，以涂料、木构以及浅色调墙面为主基调，加以提炼，引入乡村符号，再进而进行创新。建筑造型上遵循简约极致、绿色建造、可持续建筑的发展原则，主体的浅色墙面以及

上以新型的生态系统来有效地实现绿色节能和生态平衡的环保理念。

户型设计：岁月静好的乡野生活

○ 地块内的主要产品为低层住宅，需要保证在舒适性的前提下集约化利用场地。室内面积97平米起跳，打造如家般安适称心的居住空间。在户型设计上，一层设计为公共区、会客区与餐饮区，二层为起居空间及次卧区，而顶层则是

主卧套房,配有南北大面积露台,让主人能享有尊贵的品质感。室内装潢选用以简约的北欧风格为主要基调,配合原木地板和家具,融合温暖的灯光与色调,不算奢华精致,但却弱化了陌生的度假体验,用家庭式别墅的格局让来到这里度假的人群能够彻底地放松,最适合一家大小齐聚,共享亲子时光。

○ 三十四栋联排别墅客房,分为四大不同主题,每个主题都有着充满诗意的名字:像"丰谷"的主题就有盈谷、穗香、丰稔、栗满等主题别墅;而"桃李"则有樵歌、桃夭、蜜露、桃萼等;"耕织"的主题有箬笠、采拮、耕畴、牧樵等;最后"静流"的主题有涓流、印月、涟漪、凌波等。一副只有在诗词中描绘的田园牧歌景象,霎时便出现在了你我的眼前。让您在入住其间后,时光似乎也随之慢了下来,悠闲之中,岁月静好。

○ 交通设计:便捷可达,拎包即刻入住

○ 道路规划充分体现快捷、方便、安全的宗旨。项目所在地无锡市惠山区阳山镇距离无锡火车站约25公里,距离无锡市硕放机场约45公里。当你踏上无锡田园东方的这片沃土时,我们在每一块用地上均引用了环路,达到交通可达性与消防扑救及时性的要求。接着从主干道再引出宅间车行道,实现开车到达庭院停车区,再进而入户的一站式度假需求。环形小区主干道内部以及南北小分区联排之间则引入人行步道,方便居民的生活散步以及社会公共活动,从而做到人车分流,将车辆对行人的安全影响减至最低。

产品设计:田园人居,诗意画卷

○ 提起无锡田园东方目前的旅游度假产品,绝对可以说是国内村落式度假行

业的表率。在一期项目中，打造了花间堂·稼圃集、田园途家、火山温泉桃花泉的度假人生，田园诚品和拾房手作的精致文创，番薯藤与乡村集市的美食美味，拾房桃溪的田园人居，以及全新升级的蜜桃猪的田野乐园等精致又精彩的项目和活动。

○ 试想一下，清晨当你在入住的别墅中拉开窗帘，放眼望去都是满眼葱茏；来到番薯藤餐厅，用有机养生的健康美食征服味蕾；临近中午，在拾房手作的教室里体验植物草木染、皮具制作、木质餐具制作的手工艺课程；在田园诚品购买极具主题特色的文化创意周边；午后的悠闲时光来到蜜桃猪的田野乐园，让孩子们可以与小动物们亲密接触，参加小猪赛跑、骑马课堂、射箭打怪兽、小剧场表演等活动。夕阳西下，让温热的水流划过您的肌肤表面，滋润身心......在田园优美悠然的氛围里，呈现的是田园人居的生活，营造具有代表性的田园风情度假体验，致力于让所有人在山川、桃株、良田、书院之间，重拾渔樵耕读诗酒田园的质朴生活乐趣。

○ 整个园区设计集合了国内多支顶尖的创意规划设计团队，包括东方园林、联创国际、东联设计、朗道设计、肯默设计、华城博远以及袈蓝建筑、乡见设计等。尤其是中后期全面伴随项目策划、建造、运营全过程，并且在其间承担起主要标志性建筑设计的北京袈蓝建筑设计团队，以及承担旅游规划、乡村文创和业态运营策划的上海乡见设计团队。在此，我们一并表示诚挚的感谢。田园综合体概念广泛，发展空间非常广阔，田园东方仅仅是广义"田园综合体"思想中的一种表现形式。相信在未来，还会出现类似理念的商业模式，人们终将会找到复兴田园的可持续发展路径，建设心中的那一亩心田！

HUAXIA DACHANG FILM AND TELEVISION CREATIVE INDUSTRY PARK

华夏大厂影视创意产业园
——艺术与影视的火花

开发商: 华夏幸福基业

建筑设计: 西迪国际/CDG国际设计机构

占地面积: 58 698m²

建筑面积: 67 062.51m²

容积率: 1.14

 项目亮点

在对各个教学楼、放映厅、影棚、办公场所和生活配套的规划上,均以展现园区功能的多样性为出发点,碰撞出艺术与影视的火花,体现出不同的创意元素。

项目概况

◯ 2016年7月15日，大厂影视创意产业园正式开园，河北省省委常委等政府领导相继前往产业园进行考察，众多知名影视集团也纷纷相聚于此，从集团协议签署到创意项目孵化，伴随着多个影视合作事项的展开，大厂迎来了新的产业生机。

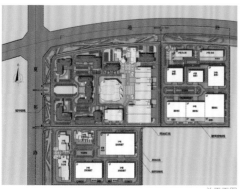

总平面图

规划/建筑设计

○ 作为大厂影视产业园的设计方,在设计时充分考虑到项目本身独特的性质,是包含教学、孵化、影视拍摄、后期制作等功能在内的文化创意园区,因此,在对各个教学楼、放映厅、影棚、办公场所和生活配套的规划上,均以展现园区功能的多样性为出发点,碰撞出艺术与影视的火花,体现出不同的创意元素,例如魔幻式的学院建筑,现代工业感的影棚,时尚前卫的剧院等。

景观设计

○ 正因这里是创意者的圣地,在项目中淡化了建筑和景观之间的界限,希望通过空间打造一种大众文化的缩影,使自由、开放的交流视野都可在此得到体现,为使用者提供一个生态、和谐、文艺、内涵的工作环境。

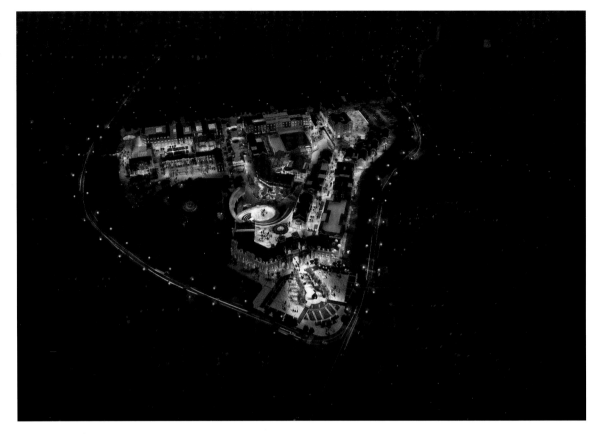

BROOK BAY HOT SPRING RESORT TOWN

陌上花开·溪里湾温泉旅游度假小镇
——具有民国风情的旅游综合体

开发商：尚格地产

建筑设计：上海三益建筑设计有限公司

项目地址：浙江省金华市

建筑用地面积：北区 81 902m²

南区 77 736.84m²

建筑面积：北区 82 111.35m²

南区 52 171.96m²

容积率：北区 0.913

南区 0.67

项目建设周期：项目共分为二期

2015年1月一期开建

◉ 项目亮点

在设计中传承了地域建筑文化的积淀，吸纳了现代文化的精华，嵌入了武义当地的建筑特色和民俗文化特色，彰显其丰富的文化底蕴，打造民国建筑风情博物馆。同时结合水文化，再现民国时期浙江漕运兴盛的全景。

总平面图

项目背景介绍

○ 项目地处温泉名城、素有"东方养生圣地"之称的武义,这里是温泉之乡、宣莲之乡、养身之所。同时,项目周边还将打造武义大型温泉旅游度假区,而本案则将为整个度假区提供综合商业配套服务,并作为度假区的门户及示范区,达到统领全局的目标。

○ 整个温泉小镇项目共分4个地块(C-30 地块、C-34 地块、B-12地块、B-13 地块),用地性质为商业(B1)、商务(B2)、娱乐康体(B3)。其中,北区(C-30和C-34 地块)场地西侧毗邻溪里溪,北侧分别为上鼎硫园别墅和在建的萤石博物馆,东侧沿武丽线两侧是清水湾酒店、百泉谷酒店以及婺窑遗址。

南区(B-12和B-13地块)场地西临溪里溪,远处为村庄,东侧邻山,南侧靠近溪里水库。

○ 本案总体规划是以温泉旅游、商业、文化创意和休闲娱乐为主题的民国风情旅游综合体,充分结合地块周围现有的及规划中的大型公建,整体考虑建筑单体平面及竖向的组织结构以及景观绿化的层次配合,致力于打造一个民国风情温泉度假小镇。从而提升温泉区门户的整体形象品质,为武义市的城市建设增添一道亮丽的城市风景线。

总体布置

○ 运用现代城市规划设计的概念和方法,传承了地域建筑文化的积淀,吸纳了现代文化的精华,并重视新材料、新技术、新结构、新设备的应用,力争提供一个文化丰富、风格时尚、科技先进、绿色环保、令人流连忘返的温泉度假小镇。

○ 总体布局上,一方面考虑如何使周边环境为我所用;另一方面考虑小镇建成后如何保持空间环境不被破坏,使区域内城市形象有所提升,为武义温泉区建立新门户。

○ 总体空间层次上,采取因势利导、有机协调的布局手法。北区块围绕公共广场组织分布建筑组群,向西侧延伸出民国风情步行街,同时依托湖景打造水上大舞台,建筑单体以小体量为主,减少建筑体量的压迫感,相邻建筑有意识的四周布局形成围合、半围合的空间体量关系,结合多节点空间组合,丰富整个温泉度假小镇的空间层次;南区块依照地形地势合理布置建筑,形成独特的商业氛围。

○ 同时项目内停车库采用局部地下布置方式,地面布置临时访客停车位。一些必要的配套设施如,变电所,地面开关站、垃圾房等则利用边角布置,尽量减少对温泉小镇景观的破坏。

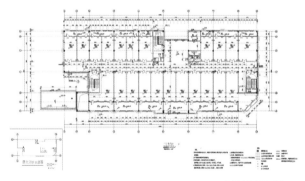

A-2# 二层平面图

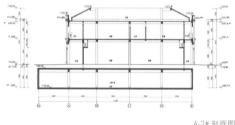

A-2# 剖面图

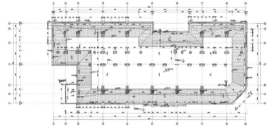

A-2# 屋顶层平面图

建筑风格

○ 民国时期为江浙一带最为兴盛的时期。作为武义温泉度假园的门户,项目采用浙江特色的民国风格,在建筑单体平面及竖向组织结构上,提取浙江民国时期旧建筑的元素,使其同周边建筑群形成有机整体。在设计中传承了地域建筑文化的积淀,吸纳了现代文化的精华,嵌入了武义当地的建筑特色和民俗文化特色,彰显其丰富的文化底蕴,打造"民国建筑风情博物馆"。同时结合水文化,再现民国时期浙江漕运兴盛的全景。

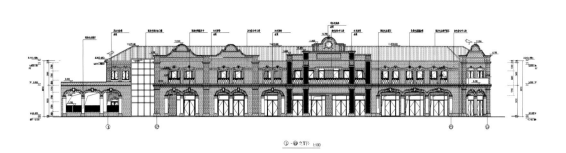

① ~ ⑧ 立面图 1:100

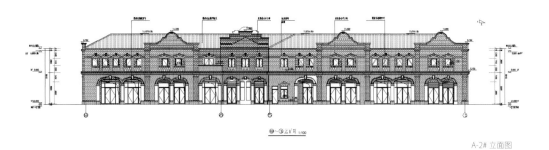

⑧ ~ ① 之扩图 1:100

A-2# 立面图

亲水设计

○ 项目依水而建，在规划布局中充分利用水景资源，营造丰富的建筑与水的关系，打造新概念的水岸商业体。

○ 项目场地较周边道路标高低3米左右，通过将商业的首层抬高至与周边道路相平，高差部分作为下沉式商业及地库的设计手法，既减少了土方开挖、节约了成本，又能使商业的空间更加丰富，使下沉式的商业街达到真正的亲水性。

○ 为了脱离孤立的状态，岛与岛之间的联系和交通显得尤为重要，由此产生了桥、船。多孔拱桥、木板桥、栈道，各种形态的桥点缀在湖面，成为聚落中最独特的事物。

商业动线

○ 采用"三点式"环形动线，以旅游广场、游艺广场、商业广场三大主力店群为"点"，商业街内形成环形动线，最大限度吸引人流。其中，旅游广场为武义民俗文化、温泉文化展示区域，位于项目主入口及温泉风情度假区的门户位置，展示武义风土人情，同时游客吸引进入；游艺广场位于项目东北角，以大型儿童游乐园为主力店，被巨型天幕笼罩，是街区内最热闹刺激的区域；商业广场毗邻度假区主要交通道路，依托大型餐饮，结合当地农家乐、温泉特色餐饮等打造商业一条街，吸引边居民及游客进入街区。

商业街道尺度

○ 主动线街道宽度在10-15m 之间，保证视线的通透，通过水街、休憩空间和景观小品的设置丰富街道的空间感。小巷宽度在3.5m-7m 之间，形成熙攘的商业氛围。通过建筑二层、三层相连减小侧向的间距，营造小街小巷的氛围。

功能分区

○ 北区沿三点式环形动线展开，分别布置了影院、游客集散中心、嬉雪场、戏台、视觉中心、商业、天井中庭、物业管理、公厕、变电所、开关站在内多个功能区块；南区则采用合院式布置建筑，通过连廊连接建筑组成相对独立的小院落，同时赋予其不同特色，形成风格独特的度假旅馆。

交通设计

○ 北区除了在园区出入口附近布置少量地面停车外，通过3个分别位于基地西北角、东北角及西南角的车行出入口将车辆引入地下车库，地下车库出入口均靠近园区边缘设置，人车分流；南区地面配备3个装卸车位、3个出租车位及5个大巴车位，地下车库则依照地形设置两个出入口，分别位于地块南北两端，一条道路由南至北穿过整个地块，是南区主要的内部车行道路，风格独特的旅馆院落依次布置于道路两侧。

景观空间

○ 通过对场地各方面的调查和研究,我们将场地景观逐一细化,合理划分功能布局,保证各种不同需求的实现。

○ 其中,北区以东南角的婺窑遗址为景观制高点,沿山脚依次排布旅游广场、戏台以及玻璃景观连廊,于中心水面形成重要的景观节点;东侧的5000㎡广场、南侧的入口广场以及西北角的游艺广场分别布置区域性景观节点,与中心水面呼应形成三条景观轴线;此外溪里溪河岸亦是一条天然的景观岸线。

○ 南区依照地形形成沿溪里溪的河流景观带、沿西侧山体的山地景观带两个轴线景观带；北侧主入口处的台地式的跌水瀑布与地块中段的狭长地带形成两个景观节点；同时引溪里溪之水入每个院落中，形成每个合院独有的组团景观，每个组团内部结合架空车库形成公共的下沉广场，与地面景观结合形成高低错落的景观格局。

○ 地块绿地率北区为16.10%、南区为16.60%

对话余柏良｜给特色小镇梳筋通络

⦿ *深坑酒店、滴水湖酒店、世茂唐镇、桃源、健康谷、宽厚里……*

⦿ *今天我们要对话的，就是这些耳熟能详的著名项目背后的男人：余柏良。*

⦿ *余柏良，上海三益建筑设计有限公司文旅事业部设计总监，曾经在包括阿特金斯、陆道在内的多家设计企业专案负责文创项目，如今他正带领自己的团队集中火力瞄准"特色小镇"这个全新热点，将自己丰富的项目经验转化成更为可观的商业价值。*

⦿ *对于特色小镇，余柏良是实际奋斗在第一线的战士，丰富的实操经验让他对"怎么做"小镇项目拥有绝对话语权。*

⦿ *这一场围绕"小镇"的聊天，从梳理脉络开始。*

在特色小镇项目里，有18万㎡的"小"项目，也有3-5平方公里，甚至更大的项目，在梳理脉络上，不同体量有没有不同做法？

○ 余柏良：叫它"小镇"，其实和它是大是小、是不是"镇"没有必然关系，主要看项目内包含的几种特色功能：首先要有一个比较有特色的产业来主导，这种产业有可能是商业，有可能是旅游业，也有可能是制造业；在这个基础上，再配一些生活设施、商业设施，这些设施围绕产业展开，形成一个比较完整的生态体系。

○ 换言之，如果把这个"小镇"放在一个没有其它配套支持的地区，其内部是可以新陈代谢，实现一个生态体系循环的。

○ 至于这个"小镇"有多大，要看这个产业有多大。

"产业"对特色小镇项目究竟有多"重要"？

○ 余柏良：回答这个问题，先要回答"为什么要做小镇"这个问题：因为国家要大力展开"产业升级"。随着劳动密集型产业开始大量向东南亚地区转移，我们需要更多有特点、有创新，针对不同市场、不同层级的产业。这是国家层面的想法，也是市场上已经出现的反应。

开发商和民间资本进入到这场"产业升级"里，又能获得多大的回报呢？

○ 余柏良：我个人觉得，其前景还是很可观的。

○ 任何产生效益的实质，都是人的聚集，产业的聚集也是人的聚集。不管是产业企业也好，开发商也好，都是看重这块红利才进入的。这方面可挖掘的可能性比较多。

○ 现在的房地产开发，尤其是小镇的开发，和以前的方式有很大的不同。以前主要是开发商一方引导来做，现在有很多捆绑共同来投资，开发商只是作为引领者。一来现在的资本形式更为丰富，再来小镇项目一般来说比较大，如果光凭开发商一己之力来做比较难往下走，所以现在开发商可能会联合自己的兄弟企业和一些产业，有做实业的、做投资的，还有做文化旅游的等等，他们之间的投资如果能达到一定的默契，政府还可能会给予一定的扶持。

在小镇项目中，开发者的利益会不会和政府的诉求产生冲突？

○ 余柏良：所以要在项目前期对地方进行经济调研、数据采集，研究经济发展如何与开发者利益实现平衡。这也是政府所希望的，避免在后期造成空城、烂尾。做好"经济平衡"，开发方、运营方、政府三方面都能实现自己的目标。

目前特色小镇的项目开发，政府来主导和开发商牵头，最大的差别是什么？

○ 余柏良：两种方式的路径是不同的。

○ 政府主导的，更多是和规划院合作，规划院做的是做产业规划，是一套数据，比如当地人口的特色是什么？以前的传统产业是什么？现有怎样的产业基数？等等。但是现在有很多产业是新兴产业，是当资本进入后创造需求产生的产业，那么规划院所得出的数据结论就可能与市场不完全吻合了。

○ 另一个角度来说，政府下放规划院来做的项目，往往不太容易达成城市设计上的落地。

○ 再来看开发商做小镇，他们的目的其实很直接：一来得到自己在利润上的回报，再来也希望能把整个小镇形象打造出来，以此吸引更多的投资、更多的资本、更多的产业进入。这样做小镇，严格意义上来说其实是一种城市设计，包括城市区片的经济定位和城市设计的结合。

小镇项目里各种功能板块的划分，有没有已经形成模块化的"比例设定"，可以被复制到响应类型的项目中去？

○ 余柏良：每个地域的条件是不同的，不能简单粗暴的设定这种比例。

○ 小镇项目一般都比较大，需要分多期运作。在某些产业较为占主导的地方，可能是产业先行，有些地方是旅游为主，那我们就先把房地产和商业做出来。这是需要在经济测算平衡的基础上做的。

○ 当然，凭我们的经验来看，任何项目都会需要一个大概的数值匹配。比方说，我们现在发现，如果回拔资金的需求达不到50%的满足，基本上小镇的项目会很难往下推进。

有没有先天不具备旅游资源的地块打造特色小镇的案例？

○ 余柏良：其实并不是哪些地方"没有"旅游资源，只是没有被发掘出来。每个地方都是有自己特色。我做过一个项目，由于区域本身的文化旅游资源"太"有名了，放到项目里不够"特色"，反而被我们放弃了。

对于开发商来说，做小镇开发的难度要比以往任何一种形式的地产开发项目都要高？

○ 余柏良：可以这么说。一个是项目大，再来一个从立项、产业引入都不容易。

○ 政府希望小镇的开发能帮国家承担一部分"就地城镇化"的重任。大城市的吸纳能力是有限的，国家的态度其实比较明确：围绕某个经济区，建立卫星小城镇，这些卫星城镇里的原居民就能就近进入新的产业、担任新的工作，同时完成新的城镇化建设。

SUZHOU FILM AND TV CITY

苏州影视城

——体现影视业未来趋势的全球特种电影集成

项目地点: 苏州市吴中区

景观规划: 阿拓拉斯(北京)规划设计有限公司

规　模: 207亩

建筑面积: 32万平方

容积率: 1.6

● 项目亮点

苏州影视娱乐城位于苏州木渎天平风景区，以影视为主题，用景观将每栋建筑链接起来，形成商业街的氛围。双层的中心广场，和配套的游乐设施等，力求打造区域性规模最大、设施最全、现代化程度最高的文化娱乐休闲综合体。

项目定位

○ 成为苏州乃至长三角规模最大、设施最全、现代化程度最高的文化娱乐休闲综合体。

项目特色

○ 以商业为主导、以文化为名片，立意发展集影视拍摄、后期制作、发行放映、文化影视娱乐、会展、创意策划、商业配套、餐饮住宿等为一体，全面引进世界特种电影精华，结合中国特别是长三角地区实际情况，在吴中区木渎地块上倾力打造一个具备国际水平、体现影视业未来趋势的全球特种电影集成。

顶棚设计原则:

○ 1.不影响周边建筑。

○ 2.考虑抗风、结构牢固的性能。

○ 3.突出UFO理念的椭圆形。

○ 4.兼顾舞台背景的功能。

○ 中心广场互动体验以UFO为主题，利用内侧环廊柱和环廊顶棚做互动活动。柱子的曲面使人的形象扭曲，疑似外星人。UFO可以投射互动影响

○

○ 露天展台

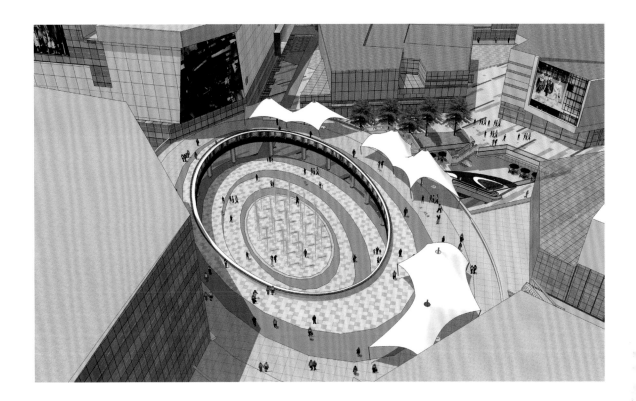

○ 这是个人与人、人与自然交流的空间，利用抽象的山体结合场地特色、使用者活动内容以及周边环境，提供一个展示、休息、娱乐的多功能空间。狭长的通道易给人疲劳感，如不做充分的景观布置，会显得枯燥单调，没有氛围，为突出热闹的商业气氛可以采用三种处理方式：

○ 1、设置移动或临时构筑物、小商铺、休息设施或植物丰富空间关系；

○ 2、通过铺装图案分隔空间；

○ 3、通过建筑内部功能空间的外展商业以及建筑檐体的出挑结构调节空间。

○ 花钟因为会用到作为骨架的绿篱类，需要经常修剪，保持高度的稳定。节日及日常摆花其间，要注意花卉的水分补充及花期过后的及时更换。

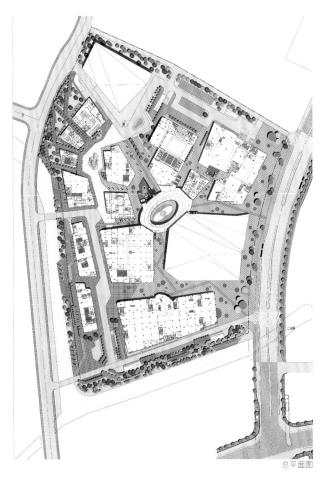

总平面图

水岸广场种植区

○ 花木本身不太高大，可在花木林中搭配高大乔木，在空间上撑起高度，季节上增加变化。如夏花的合欢、栾树，秋变色叶的银杏、枫香，常绿的香樟。地被大面积采用干净的草坪，方便树下活动，休闲。西侧水岸，花木与大乔木结合，树下种植观赏灌木及草花。水岸对面点缀垂柳，作为项目区观赏樱花的背景，衬托此岸的绚烂。

○ 高端餐饮庭园种植区

○ 樱花林的过渡,延续向北部的山林风景。树木以树形干净,具有城市空间的树种为主,如榉树。

北区种植区

○ 以高大的树木为主,遮挡大型车辆的出入工作。搭配彩叶树种与远处山林风景的呼应。如五角枫、枫香。

○ 地库顶板区,覆土约1米,有行车及行人通道及消防扑救面区域,采用摆放盆栽的方式,方便让出扑救面空间,也可根据季节随时更换。

A RIVER YINGSHANG CITY

颍上外城河治理一期

——动静皆宜、纷繁有趣的临水合院式商业街

地点: 安徽省颍上县

开发商:颍上县慎城投资管理有限公司

规划设计单位:上海秉仁建筑师事务所(普通合伙)

建筑设计单位:上海秉仁建筑师事务所(普通合伙)

景观设计单位:上海北斗星景观设计工程有限公司

占地面积:64 344m²

建筑面积:29 097m²

容积率:0.45 / 绿化率:25.15%

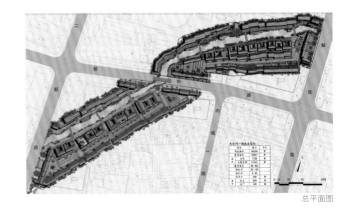

总平面图

● 项目亮点

商业步行街内部设计
若干节点广场，打造
动静皆宜、纷繁有趣
的临水合院式商业
街。

项目概况

◯ 外城河水街全段以"水韵古街、外河别院、阡陌街巷"为设计灵魂,对不同区段赋予不同主题,形成水岸休闲步行街、风土民俗、艺术文化、休闲民宿和历史名人五大主题区域,形成丰富而多元的业态构成。

◯ 结合外城河水岸设置一系列有品质的古城商业,如精品餐饮、特产专卖、品茗茶座等,结合水岸文化,展现颍上特有的商业氛围。

总体规划

○ 总体规划以商业步行街和外城河滨河步行街为主轴,贯穿于整个水巷别院。商业步行街内部设计若干节点广场,打造动静皆宜、纷繁有趣的临水合院式商业街。院落组合方式遵循传统民居院落形式,重点考虑商业面貌与街道尺度关系的契合。在水岸布置少量码头茶室等公共建筑,作为游客的休息服务点。根据基地现有的特点,结合现有的景观资源,综合基地周边的环境因素,将建筑类型分为商业主街、合院商业、滨水商业、门楼亭榭四部分。

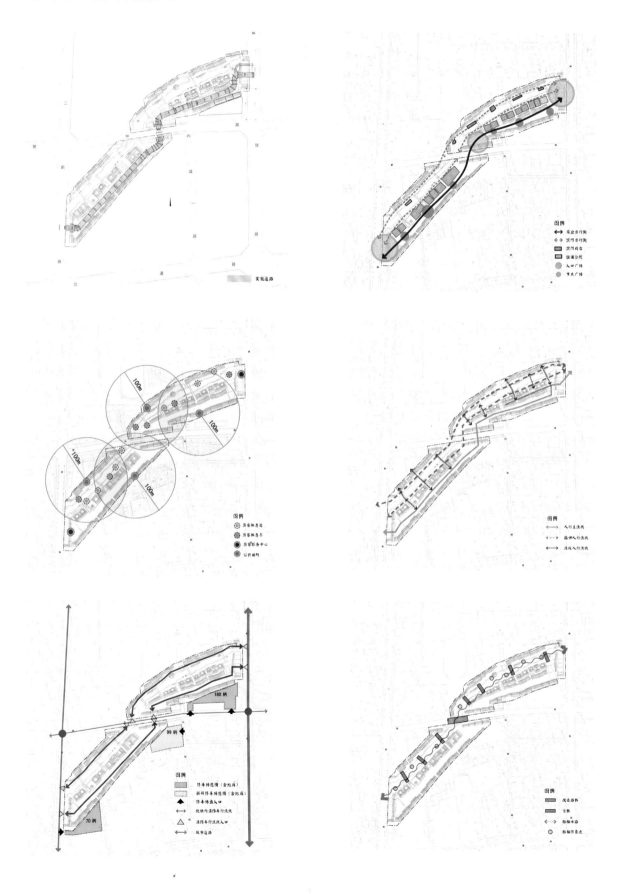

风土民俗区

○ 风土民俗区以风情商业、民俗艺术、民间技艺为特色,设置了颍上酱园、颍半夏药房和冶铁作坊等节点,将颍河流域的民风醇厚、特色鲜明的颍上风土人情重新复原于此。

景观总图

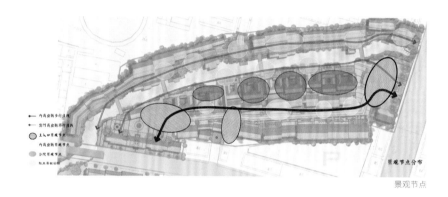

景观节点

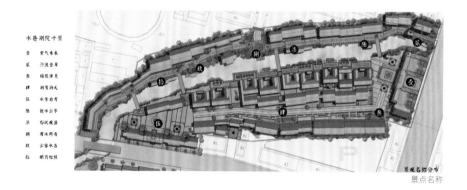

景点名称

景观小品

艺术文化区

○ 艺术文化区以文化经营、赏曲观戏、传统文化体验为核心业态，包含文化艺术品工坊、戏楼、曲楼等具体形式，打造专属颍上特色的商业文化名片。

休闲民俗区

○ 休闲民俗区在街区中部，由动转静，规划为滨水民宿、风情客栈、青年旅社等业态，临街市却远尘嚣，可谓大隐于市。在历史名人主题区设置习礼堂、甘茂堂、思贤堂和管鲍阁等节点，以供游人追忆古人，传承榜样。

CAMEL HOT SPRING PEACOCK CITY

牛驼温泉孔雀城

—— 整体区域均好性的温泉养生度假小镇

项目地点: 河北省廊坊市
开发商: 华夏幸福基业
建筑设计: 西迪国际/CDG国际设计机构
建筑规模: 56万m²
项目占地: 47万m²
容积率: 1.2

◉ 项目亮点

强调整体区域均好性的设计原则，利用建筑之间的空间作为公共场所，最大限度地满足人们对室外空间的需求，试图创造集休闲、度假、养生为一体的宜居环境。

项目概况

○ 牛驼温泉孔雀城位于河北省廊坊市固安县牛驼温泉产业园内,地处华夏幸福基业正在规划建设中的以"温泉养生"为主题的小镇中心。

规划布局

○ 在遵循整体规划的前提下,充分利用场地内的原生态景观资源,打造温泉养生度假小镇,着力提升本区域的社会价值。规划强调整体区域均好性的设计原则,利用建筑之间的空间作为公共场所,最大限度地满足人们对室外空间的需求,试图创造集休闲、度假、养生为一体的宜居环境。

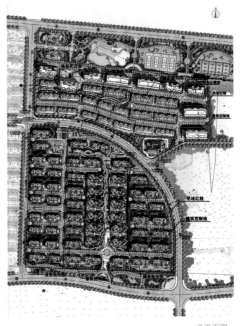

总平面图

建筑设计

○ 建筑形体力求与整体规划布局相呼应,将艺术、温泉小镇文化、自然元素完美地交织在一起,创造出互动连贯的空间体验。建筑立面强调尊重天然环境的设计理念,通过建筑的细节处理,材料、装饰等建筑语言,诠释周边环境与建筑形态的内在联系,塑造自然趣味、独一无二的小镇生活。

景观设计

○ 景观设计结合建筑的风格特点，继承其自然、休闲的特质，
以小镇风情为背景，呈现出一种新的人文景观。充分考虑景
观的原生性，合理布置相宜的功能空间，并赋予不同的景观
感受，丰富空间层次，营造自然优雅的小镇气质。

PEACOCK CITY

孔雀城学府澜湾

——草原风格的绿色人居环境

项目地址：廊坊市安次区

开发商：廊坊京御幸福房地产有限公司

设计单位：思纳史密斯

占地面积：199 722.04m²

建筑面积：492 013.53m²

容积率：1.99

绿化率：35.00%

◉ 项目亮点

本案产品的主要特征是在规划设计阶段综合考虑住区规划、建筑单体和庭院景观等专业设计，通过形成合理的规划形态，留设适宜的空间尺度，将建筑和景观在空间、尺度、风格、形式、材质、色彩等方面进行统一协调，从居住的舒适性、空间的私密性、景观的相融性、产品的精致度等方面营造一个融洽和谐的绿色宜居家园。

项目概况

◯ 项目地处廊坊市中心城区西南安次区，东临安美路，北至安锦道，西临西昌路绿化带。

◯ 学府澜湾，以醇熟生活氛围品质社区入驻廊坊，传承经典建筑精髓，筑就环境幽然的宜居美苑。经典赖特式风格建筑，柔合现代建筑精神，精心打造草原风格的绿色人居环境。

规划构思

○ 项目讲求建筑空间布局，建筑形态以及庭院环境相结合，力求景观和建筑间的和谐与对称，总体规划中强调绿色空间，减少硬景观，创造一个亲切独特的生活环境，通过一系列对私有空间环境、社区内的中央公园，社区中心，公共开放空间和水域临近关系的创造来营造休闲、放松和远离尘嚣的宜居体验。

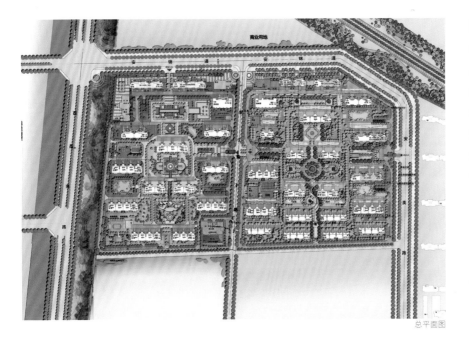

总平面图

○ 创造有领域感，层次丰富的开放性、个性化的空间。

○ 打造向心性的邻里社区空间，塑造有机的弹性围合空间。

○ 从生态角度出发，利用居住区绿化，创造可持续发展的社区。

○ 以人为本，通过对于交通路线的合理组织，实现人车分流。

○ 打造出高品质的人居环境，创建公园化的生态住区。

规划布局

○ 项目在规划布局时,两个出入口分别设置在安锦道和安盈路上,采用人车分流的概念,进行交通组织,车行道外环设置,地库出入口结合小区出入口设置,机动车能够快速进出地库,使小区内部形成步行交通体系。整个小区通过建筑的错位布局,使得景观空间分为中心景观和组团景观,中心景观位于小区的中央主轴上,结合建筑依次形成三组院落景观,中心景观和组团景观相互错动,相互渗透,与城市绿带融为一体,共同形成整个小区的景观系统。

○ 南侧布置11层的小高层产品,北侧布置28层的高层产品,保障房。在城市的街角广场设置两处独立商业,丰富城市空间的同时,也为业主的生活配套带来便利。幼儿园设置在小区的南侧,远离城市干道和小区出入口,减少交通干扰,亦可满足配套服务半径的需求,在入口设置了家长等候区,提高整个社区的品质。

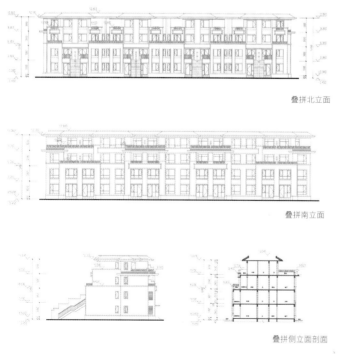

建筑设计

○ 高层建筑立面设计从业主的需求出发,采用Art-Deco风格,强调建筑物的高耸、挺拔,给人以拔地而起、傲然屹立的非凡气势;通过真石漆、米黄色涂料与深棕色涂料合理的色彩搭配,加上现代建筑材料的结合运用,使立面具有较强的品质感和识别性。

○ 小高层、叠拼建筑采用赖特草原风格,关注建筑与规划,建筑与环境的紧密关系,强调优美舒展的横向线条以获得建筑与自然的亲和力,形成以横线条为主的构图,舒展安定,赋予建筑立面简约、明快的现代感;色彩细腻而温暖的建筑立面,充满家的精神慰藉。

叠拼北立面

叠拼南立面

叠拼侧立面剖面

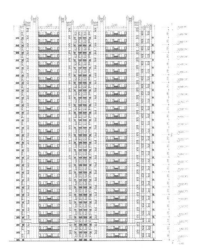

15#16# 高层北立面

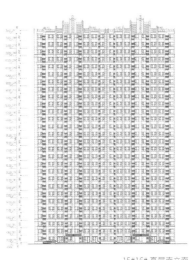

15#16# 高层南立面

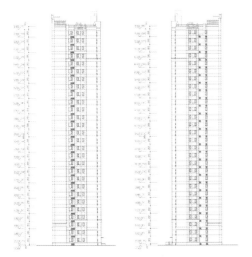

15#16# 高层侧立面

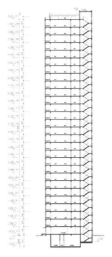

15#16# 高层剖面

景观设计

○ 景观设计以自然化、情景化为原则,整个小区的绿化分为大中心绿化和小中心绿化。大中心绿化在小区的中央主轴上,结合建筑依次形成三组院落景观,小中心绿化则是每几个组团形成的次一级的绿化。设计上强调生活中人性的自然回归,精致醒目的小区入口广场和道路节点广场,亲切温馨的组团绿地,意境深远的中央庭院,浓荫环绕惬意路径,层次有致,开合有序,提供一种绿意盎然步移景换的园林体验。

○ 绿化环境的设计注重细腻地刻划,追求"精致生活"的品味。体现对人无微不至的关怀,仔细推敲绿地中每一个细部,组团入口的门户标志,组团绿地的铺地变化,绿地中的景观雕塑和艺术小品,每一处设计皆贴近生活,呈现浓郁的公园化景观感受,真正做到"把家建在花园里"。

HUNG KUN IDEAL IRVINE

鸿坤理想尔湾
——尊重景观与生活的自然本色

项目地址：河北省涿州市

开发商：鸿坤地产

设计公司：优地联合（北京）建筑景观设计咨询有限公司

景观设计面积：5436m²

建成时间：2016年6月

◉ 项目亮点

示范区以"秘境花园"为切入点，打造适合城市人的心理愈疗景观，强调尊重景观与生活的自然本色，致力于减压和释放，让传统景观的"视觉刺激"转向于"心灵体验"，通过一系列童真、有趣景观体验，让参观者找回内心的自己，还原生活的本色。

项目概况

○ 项目位于河北省涿州市东北方向，紧邻北京市房山区，距离北京市中心55km，距离涿州市区13km。

设计理念

○ 项目用自然式的植物组团、立体化的造园法则，创造优美的空间环境，也展现出未来住区的精致生活。示范区以"秘境花园"为切入点，打造适合城市人的心理愈疗景观，强调尊重景观与生活的自然本色，致力于减压和释放，让传统景观的"视觉刺激"转向于"心灵体验"，通过一系列童真、有趣景观体验，让参观者找回内心的自己，还原生活的本色。

设计特色

○ 示范区景观从爱丽丝的"秘境花园"奇遇记中提炼设计元素，通过十二个景观节点，带参观者踏上梦之旅程。童话般的梦想大门、充满仪式感的影壁LOGO墙、北海道黄杨迷宫、绿植环抱的魔法森林、银河般的萤火虫小径、舒缓心灵的治愈系花溪、变幻无穷的星空泉溪、弹奏自然和谐的韵律流水钢琴、梦幻的精灵树屋、动物造型的绿植架构组成的动物之森、国际象棋里各种角色组成的国王城堡广场、时光之河样板间……《爱丽丝梦游仙境》中天马行空的治愈系童话场景，被景观设计师复刻到现实中，让人们在喧嚣的城市里觅得一方纯真之地。

青岛金茂中欧国际城展示中心

——步移景异的多维曲线体验

项目地点：青岛市高新区

开发商：中国金茂青岛公司

景观设计：水石国际

项目面积：28 800m²

设计时间：2015年

设计师试图营造"水与岛"、"水与空间"、"人与水"、"建筑与环境"等各种元素之间的联系强调互相之间的交融关系。波浪的造型千变万化，极有利于表现景观希望表达出的流动、张扬、大气、简洁的空间形态。多维曲线的形体特征使人们进入场地时，有步移景异的景观体验效果。

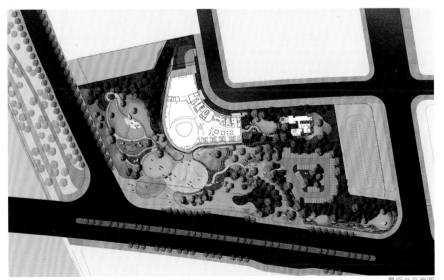

景观总平面图

项目概况

○ 示范区售楼中心建筑
设计的表皮来源于海洋中
扇贝的纹理,通过抽象演
绎表达出极富有音乐韵律
美感的白色立面形态。作
为基底的景观希望通过大
地景观海浪的造型肌理,
整体烘托建筑纯粹的外
观。

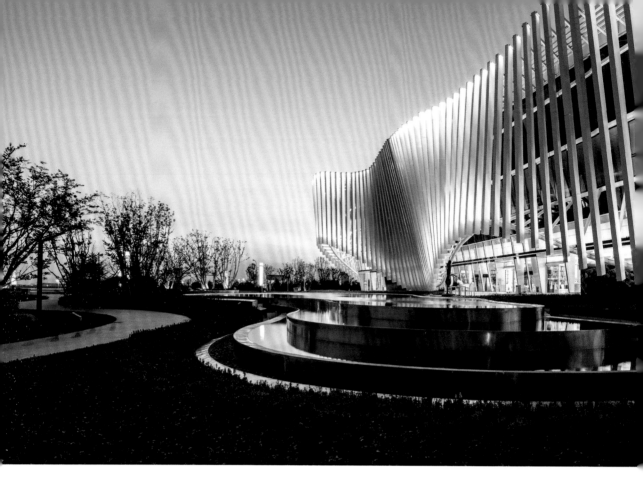

设计灵感

○ 景观设计师的灵感来自美丽的海滨城市——青岛所特有的城市景观元素：海浪，波涛等流态动感的水体姿态。波浪的造型千变万化，极有利于表现景观希望表达出的流动、张扬、大气、简洁的空间形态。多维曲线的形体特征使人们进入场地时，有步移景异的景观体验效果。

设计概念

○ 在具体着手设计之前，设计师试图营造"水与岛"、"水与空间"、"人与水"、"建筑与环境"等各种元素之间的联系强调互相之间的交融关系。

○ 将以上概念想法加以强化提炼，得出波浪的主题，并以此发散形成各个景观节点主题。主要包括以运动为主题的运动之波、以年轻动感为主题的动力之波、以生态绿意为主题的绿色之波、以浪漫色彩为主题的花之波。

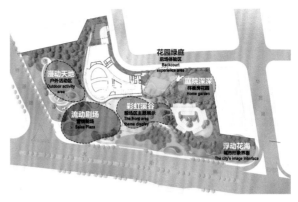

主题分区

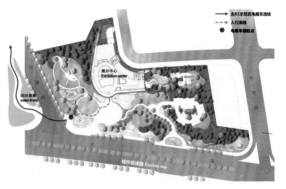

交通流线

竖向设计

○ 在竖向设计上，主要通过营造微地形，形成丰富的景观空间，增加空间层次感和趣味性，因地制宜设置整坡，半坡及坡度变化丰富的缓坡绿地，创造灵活多变、曲径通幽的空间形态。

入口体验花园

○ 人们从火炬路来到方兴示范区，首先进入的是迎宾大道，这里通过序列感强烈的点式水景，花钵，树阵，灌木等营造仪式感的入口大道，给人强烈的第一印象。

○ 穿过林荫停车场空间，来到体验花园——花之波，这里通过草花、草地、微地形、植栽营造浪漫阳光的绿地空间。

返客交通流线

来客交通流线

售楼中心后场

○ 进入售楼中心完成参观活动后可以去到后场的绿色之波,这里着重营造一种舒适惬意的自然环境,使人体验到未来我们方兴住宅区所倡导的慢生活的居住方式。

○ 穿过售楼中心可以到达最后一个景点——运动之波,这里可以体验健康运动的健身方式,包括为儿童提供的趣味乐园等小景点。

主广场区

○ 再往前走来到城市能量广场——动力之波,这里是我们的主广场区,可以举办各种主题活动,站在这里环顾四周,可以看到镜面水池映衬的售楼中心主体建筑灵动的整体形态;可以看到微坡地形的开敞草坪;可以看到若隐若现的体验式洽谈庭院——绿色之波。

HUIZHOU LANDSCAPE WASHINGTON
惠州山水华府
——清新而富有韵味的宜居之地

项目地点: 广东惠州

开发商: 惠州山水华府置业有限公司

规划、建筑设计: 广州智海建筑工程技术有限公司

总用地面积: 126 437m², 一期35 959 m², 二期90 478 m²

容积率: 2.3

绿地率: 30%

◉ 项目亮点

项目规划了不同尺度以及不同位置的楼宇以供选择, 又布置了不同类型的户型及其相应的居住空间, 更注重居住空间内部的舒适性, 提供一个灵活的生活平台, 以满足不同个性消费群体的要求。

项目概况:

◯ 规划用地东南侧山丘怀抱, 西南侧为惠淡公路和惠州大学, 东北侧为商住小区。用地东南侧可以与树木茂密的山丘相望, 西南方向可望惠州大学, 东北侧商住小区, 用地的四周环境宜人, 用地的优良景观主要集中在东南和西南。

规划原则

○ 1.居住环境

○ 2.积极开放空间的营造

○ 3.人性化景观

○ 4.必要的社区公共服务配套设施

○ 5.标志性

○ 6.经济与适用

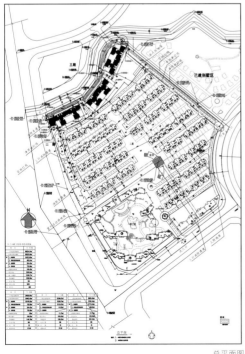

总平面图

规划布局

○ 依据小区功能、居住形式的划分和住宅类别的不同，利用小区内的车行道，把小区主要分为中间的低层联排住宅区和周边的高层商住区，中间总有131栋低层联排住宅，西边共布置4栋板式一梯两户单元住宅，每栋为6层，首层做商铺；西北边共布置4栋板式一梯三户单元住宅，每栋为28层，首层架空；东北边布置6栋板式一梯三户单元住宅，分别为28层、26层，首层架空；东南边布置4栋板式一梯三户单元住宅，分别为24层、22层，首层做商铺；东南边布置3栋板式一梯两户单元住宅，每栋为18层，首层做商铺；

○ 小区的人行主入口延用一期的人行主入口，紧邻惠淡大道，两个次入口分别设在西北边和东南边，小区中心设有大的绿化空间，并与一期的绿化空间相结合，形成一个小区的主要绿化中轴，为了更多的住户可以享有中心绿化和外部景观及争取良好朝向（南、东南）为出发点，楼宇的高度和朝向依此作了细致的思量。

交通规划

○ 按规划条件，小区的人行主入口延用一期的人行主入口，紧邻惠淡大道，车行出入口位于西北和东南共设置了三个，小区西北和东北方向建筑外侧设宽度为6米的小区道路，并在道路两边设置绿化停车位，小区内环绕联排住宅设置6米宽的小区路，再与建筑外侧的小区道路相接，这样组织整个小区交通。

绿地规划

○ 小区规划绿地主要采用围合式大绿化空间，并与一期的绿化空间相结合，形从而形成精致大气的泛中心绿化，贯通整个小区。绿色的草坪映衬着休闲广场，各种艺术品和休闲设施错落有序，充满着恬静、幽静的气氛。所有露天停车位均为绿化停车。

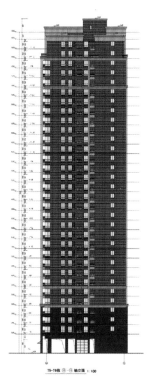

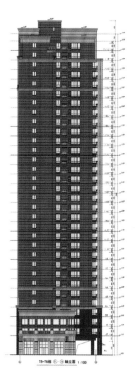

T5-T6 立、剖面图   T5-T6 立、剖面图

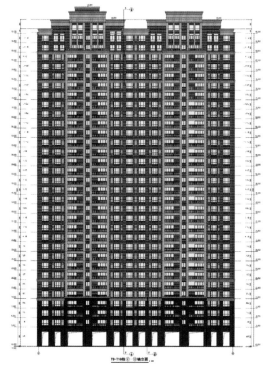

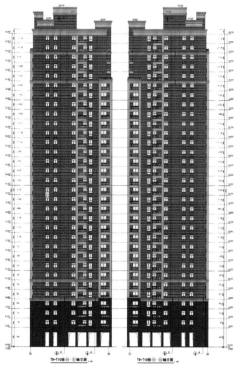

9-10 立剖面图   9-10 立剖面图

建筑风格

○ 在建筑形式上首先强调的是统一性，然后在统一要求下求得变化，建筑采用同样的形式系数、同样的比例系统、同样的色彩系统、同样的材质系统。

○ 造型设计宗旨是总体造型稳重、典雅、舒适大方；在细部上对装饰的线条比例、色泽上的作出很多的推敲，使整个建筑风格飘逸清新而富有韵味。

景观规划

○ 景观不仅是绿化及水体，还包括建筑空间及色彩、照明系统、标识系统、交通管理系统等。景观也不只是物质形态，还包括人的活动——最差的景观是人的活动，最好的景观也是人的活动。如何将建筑、车辆，尤其是人的活动等传统意义的非景观物质，纳入到景观体系中，使人的活动成为景观的一部分，是规划构思中应尽力思考的。

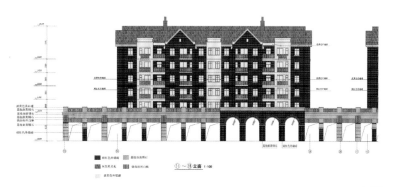

立面图

立面排砖图

立面排砖图

竖向设计

○ 场地竖向以减少土方排放量为原则,地势基本较平坦;雨水排向以中心向四周有组织排放。小区总体室外地坪与路面相差一般为0.10～0.5m;室内±0.00标高与室外地坪相差为0.15-0.9m;在局部位置形成适当的起状,增加园林绿化的空间层次,美化景观。

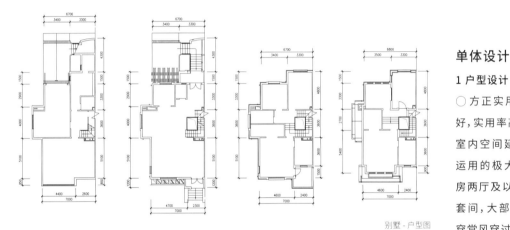

别墅 - 户型图

单体设计

1 户型设计

○ 方正实用,通风采光良好,实用率高,超大阳台将室内空间延伸出去,环境运用的极大化,大部分三房两厅及以上的户型均带套间,大部分户型都能有穿堂风穿过,对流良好。

○ 联排住宅的户型南北通透,客厅空间开阔,豪华尊贵,大主人房配大卫生间。

2 视线设计

○ 小区内部视线通透,楼距较大。户型景观视距较远,都能望到较好的外部良好景观或者小区内部园景。

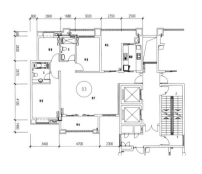

多层 - 户型图

高层 - 户型图

YUNTIANHAI

云天海

——原始林海 世外桃园

项目地点：广东省韶关市

建筑设计：广州瑞迅建筑设计有限公司

总设计师：唐才胜

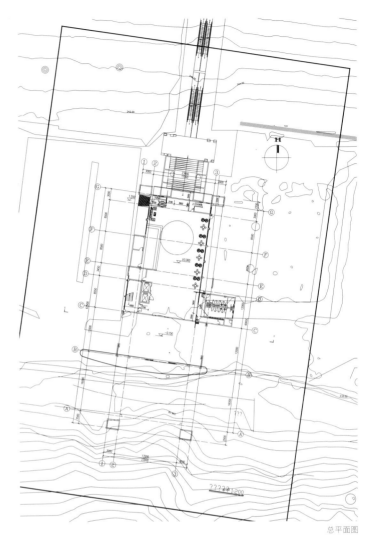

总平面图

项目概况

○ 新丰云天海原始森林度假村位于广东省中部偏北，于国道105直到度假村，距广州、深圳、东莞、佛山、惠州等大中城市均在150公里—200公里左右，交通十分便利；打造AAAAA级景区及国际五星级豪华温泉度假村，集豪华酒店、浪漫别墅、养生温泉、特色餐饮、会议培训、康体娱乐之理想胜地；四面环山，山势奇特，层峦叠嶂，地势狭长，林木茂盛，清澈溪水贯穿其中。

时尚现代

○ 体现潮流风尚与低调的奢华,结合江南水乡的设计元素,营造一个与城市环境相协调、与自然环境相亲和的人居环境。

精致体验

○ 将步移景易的景观系统融入住宅休闲度假的体验,最大限度的依托自然地貌,因势利导,摒弃过多人工雕琢的痕迹,令旅游度假者欣赏到天然的美景,在真实的自然风光中回归自我。

Ⓖ-Ⓐ轴立面图 1:100

Ⓐ-Ⓖ轴立面图 1:100

立面图

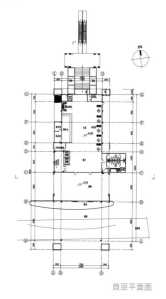

首层平面图

人性化服务

○ 按照"住宅、别墅,商务度假,特色商业,文化教育,体育运动"的五维空间进行规划设计。

优雅从容的旅游综合体

○ 充分利用蝴蝶谷的自然资源,超越单纯旅游景区发展模式,构建具有市场潜力的泛旅游功能与产品,打造集旅游休闲与人居功能为一体的旅游度假村。项目涵盖多种菜系的豪华餐厅、特色小吃、酒吧、KTV、国际会所、水疗SPA、健身运动等休闲娱乐业态。

流连忘返的生态景观

○ 温泉位于基地的中心地带,水天一色,环境优美,自然幽静。度假村远离城市喧嚣,深藏山谷,绿色林海环绕其间,清晨云雾缥缈,常年蓝天白云,清澈溪流贯穿其中,是回归自然,度假养生的绝佳去处!

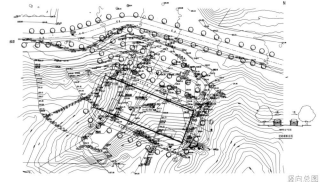

竖向总图

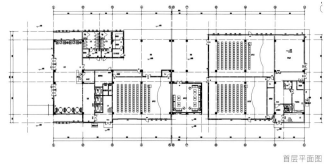

首层平面图

空间分析

○ 融入了徽派元素、白墙灰瓦，与原始森林自然景观天然地融为一体；坐落于半山腰上，居高临下，气势非凡，将原始森林中的清新空气送进客房，让你在室内也能享受高浓度负离子

建筑设计

○ 方案从徽派传统民居中汲取设计灵感，从空间布局、庭院屋宇、园林景观、细部构件等方面，发掘利用传统建筑语汇、要素，力图再现经典，形塑新丰地域风格。设计汲取中国传统建筑风格，融合官式建筑、南派园林、徽派民居建筑等特点，结合复杂的地形以及酒店功能，营建一处具有浓郁地方风格的生态酒店。在空间的布局、环境营造、智能设施、建材使用、植物配植、日常运作等方面，注重采用高生态效率、自动化、智能化技术，探索生态环保经营的模式。

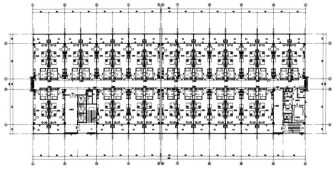

三 - 十层平面图

A LIMPID ABODE

澈之居

—— 创造新的生活体验

项目位址: 中国南京
设计公司: 玮奕国际设计
专案性质: 独栋别墅/私人住宅
室内面积: 740m²
户外庭院面积: 400m²
完工时间: 2016.11
摄影师: JMS

● 主要材料

钢刷橡木皮表面深灰色喷漆处理, 义大利进口白色卡拉拉白大理石, THK/9mm钢板, 表面白色冷喷漆处理, 德国进口特殊水泥涂料, 石皮, 毛丝面不锈钢, 比利时进口黑板漆, 德国进口Pandomo, 橡木海岛型木地板, 法国进口casamance壁布

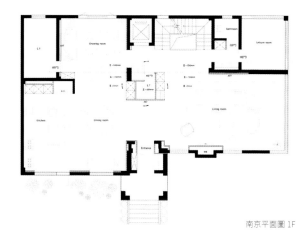

南京平面圖 1F

设计说明:

○ 对于生活的过往记忆,有些部分人们是有特殊情感记忆的。重视"人的感受",延续曾经的生活经验并为屋主创造新的生活体验,是本案最精彩也最重要的核心所在。

○ 白色,为本案设计中最重要的记忆因数。通过运用建筑的许多不同块状体置入纯粹的白色因数,巧妙的塑造各楼层

平面图 B1

的机能空间,恰如其分的营造出清澈、舒适而雅致的氛围。片状鳞片式的造型楼梯及星星般灿烂的垂直吊灯,贯穿且连接各楼层。在空间构建上达到机能区分的同时,跳脱出严谨的几何形体,蕴藉出一份惬意的休闲感觉。

○ 一楼空间由置中的BOX设计概念出发,将整个场域区分为起居室、餐厅(含开放厨房)、次起居室以及阅读室。置中的BOX作为空间的核心,如同壁面的字意,传达了家的核心价值,成为整个空间的焦点。微抬两阶的漂浮式阶梯处理,加深了区域界定的力道,使空间富有层次感。大块的落地窗使空间具有足够的自然通风与光线,并同庭院景致相呼应,使家人不用外出,便轻易觉察到时间的流逝和季节的变换。

○ 二楼空间以孩童成长所需的场域做为主要连结的环扣。设计在柔和温暖之

中，增添了跳跃的色彩和不规则的形状，既创造了温馨的成长环境，也符合儿童活泼好动的天性。

○ 三楼为主卧房楼层，中间主浴所在的位置如同隐性的BOX，将主卧房区分为睡眠区及更衣区。而浴室内部的中岛洗脸台的设计，其实体的BOX规划，使得虚、实的盒体空间概念得以更精准的落实。

平面图 2F

○ 负一层为男主人招待好友的接待区，在梯间运用艺术品的陈列，做了一个调性的区分及转变。色彩以灰黑色调为主，质朴的灰与自然光交织，使人放鬆了身心，大器沉稳之中透露出些许淡淡的禅味。

○ 整体设计质感低调而内敛，空间拥有了岁月静好的力量，使家人们的生活获得了不同的满足。

BANK OF FUZHOU STRAIT

福州海峡银行
—— 大气稳重、融合周边环境

地区: 福州市台江区

开发商: 福建海峡银行股份有限公司

建筑设计: 柏涛建筑设计(深圳)有限公司

设计团队: 施旭东、王烨冰、孟亮、辛力、黎万灶、吴菲娜

协调团队: 乔亚昆

摄影: 高钰、刘理辉

施工图设计: 福州市建筑设计院

幕墙设计: 深圳市中筑空间幕墙工程设计有限公司

用地规模: 8 487 m²

建筑面积: 65 974 m²

容积率: 6.24

时间: 2016

项目亮点

作为银行办公建筑，设计力求遵循大气稳重的基本原则，实现银行建筑对公众形象展示的要求。基于地块所处的位置，利用原有规划和用地条件，充分尊重轴线关系，让设计能够反映和周边环境的关系，建立最基本的城市空间对应关系。

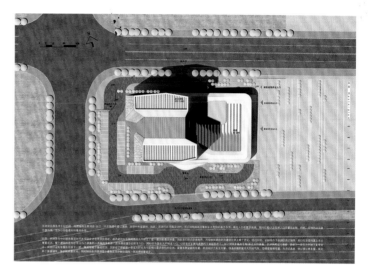

总平面图

项目概况

○ 海峡银行是以原福州商业银行为主体，兼并其他多家金融机构后建立的一家综合性银行，而且，从其名称也可以看出其立足于福建这个有着悠久两岸渊源的地区，快速发展，展现出积极进取、海纳百川、灵活通融的精神。

○ 福州海峡银行位于福州市台江区江滨大道北侧万达广场以西金融街，设计上力求打造成为福州北江滨金融区内的一座标志性建筑，同时对台江北岸的沿江城市景观产生积极的影响。

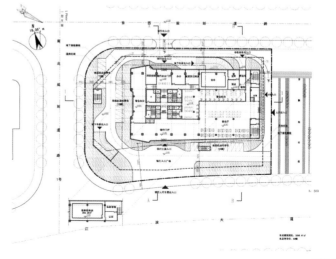

一层平面图

设计理念

○ 在总体构思时，我们希望能够从设计上折射出这种历史和现状，将多重因素整合概括为两种积极向上的态势，象征海峡两岸以及银行自身和投资公众，投资需求和收益回报，等等互相对应的关系，在建筑塔楼上展现，同时，这些相互倚靠，共同成长的要素又根植于银行本身的健康发展中，特别是和公众的良好关系上，因此，需要将这两种元素在合适的位置融合交汇。考虑到这些因素，我们在设计过程中，始终贯穿了这样的基本理念。

○ 办公塔楼由两个形体互相倚靠形成，这两个形体在裙房，也就是本建筑最具开放性的位置。

○ 两个体量之间是主塔楼两侧通透的玻璃幕墙为每隔数层的办公中庭空间和塔楼电梯厅提供了良好的视野和采光，也更加强调了塔楼的体块感，突出银行建筑所需要的坚实稳定的形象。

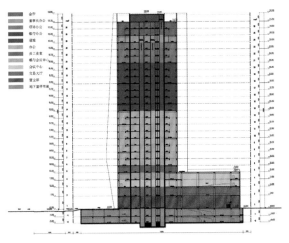

建筑剖面

建筑设计

○ 由于用地条件的约束，建筑的体量基本被确定，根据总体构思，我们力图在建筑立面上体现构思。建筑限高是120米，但是本项目北侧的建筑都超过本项目的限高。因此，如何在立面设计上既凸显海峡银行办公大楼的特点和其滨水建筑的特色，又充分尊重周边的建筑和规划？我们对塔楼形体进行了切割和适度的收分，避免让120米的塔楼显得臃肿，适当的顶部收分让塔楼在滨江线上能够凸显修长的比例和展示充分向上的姿态，对于海峡银行的形象展示起到十分重要的作用。

○ 在主塔楼南北两个主立面上，我们定义了两根折线，和裙房连成一体，更好地将塔楼和裙房统一在一起，使建筑的整体感更强。

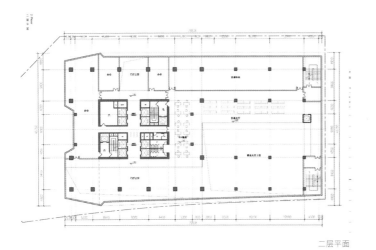

二层平面

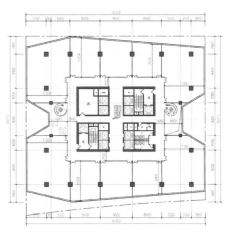

六至十三层平面

裙房

○ 裙房的建筑元素在顶部围合，并平滑扭转成构成塔楼的两个体量开始向上延伸，并且形成相互倚靠，强烈向上的视觉形象

○ 更具开放性的裙房，是整个建筑最好展示其亲和力的部分，因此我们设计了比较温和的曲面造型，既能够将相互依靠的主塔楼形体在裙房上融合在一起，又提供给公共空间适当的吸引力。

○ 裙房的立面处理力求显得稳重、扎实，但我们避免处理得过于严肃。毕竟，我们希望本建筑能够在滨江线上展现其挺拔、亲和的个性。

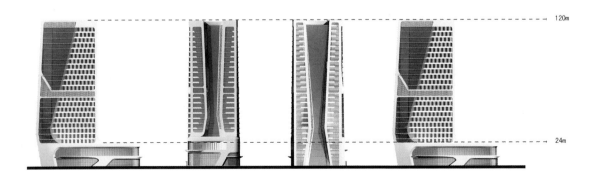

120m

24m

模型

◯ 根据三维模型数据指导加工的扭曲
变形的石材线条，完美流畅地实现了造
型效果。

◯ 通过精准的模型分析定位导出所有
突变点、转折点、双曲变化点的三维模
型定位数据，作为现场龙骨施工及面板
加工的依据。

◉ 项目亮点

富有力量感的古典柱式立面与灯光设计体现技术与美感的完美结合。建筑以高雅的气质融入区域的时尚、商务氛围；又以鲜明的个性从区域建筑中脱颖而出，成为新的城市时尚坐标。

DRAGON GARDEN EXHIBITION BUILDING

龙园创展大厦

——高雅而又个性鲜明的城市时尚坐标

项目地点: 深圳

开发商: 深圳市龙园凯利恒丰房地产股份有限公司、深圳市华能金地置业有限公司

建筑设计: 深圳博万建筑设计有限公司

占地面积: 6 892m²

建筑面积: 83 166.48m²

绿化率: 10%

容积率: 10.41

项目概况

○ 项目位于万象城斜对面，地王大厦之侧，区域片区是罗湖区时尚、商务、尊贵品质的代言。项目规划考虑与城市的协调、统一，又能体现其创新的个性。

○ 从城市的角度，建筑在体量上无法取得优势，考虑通过古典的建筑构造体系，让建筑融入整个区域的时尚氛围，再而挖掘其独特的内在品质。以充满古典内涵的气息赋予建筑尊贵感及新的生命力。

○ 富有力量感的古典柱式立面与灯光设计体现技术与美感的完美结合。建筑以高雅的气质融入区域的时尚、商务氛围；又以鲜明的个性从区域建筑中脱颖而出，成为新的城市时尚坐标。

○ 与商业、办公及公寓式办公气质的融合，充分分析客户群体的审美趋向及文化口味，通过时尚的建筑语言及注入新的平面功能，给人以全新的体验。

建筑平面设计

○ 建筑南面朝向深南东路，视野开阔，景观优势明显，借此设计大面积户型的平面；建筑西面朝向地王大厦，部分户型可享受深南东路的宽阔视野，整体的户型设计以现有的柱网空间为格局，不破坏现有的结构体系。对于现有结构中相对消极的空间，可以通过局部的组合利用，转化为可使用空间，体现建筑使用率的最大化。整体建筑平面的设计遵循强强联合的组合方式，让大面积户型面向景观优势明显的方向，让建筑的价值实现最大化。

○ 建筑平面处理灵活多变，可以根据功能的要求对建筑的大户型进行分隔，也可对其中几户进行拼合。

入口设计

○ 入口的设计紧紧围绕塑造高品质、高档次、时尚、商务的建筑形象的原则。或以石材、玻璃、钢材结合古典样式的竖直线条烘托高品质的商务办公氛围，或以极具现代感的线条和形象夸张的抽象图案以及夜晚 LED 灯饰来渲染夜晚时分人们在生活点滴中对时尚的孜孜追求，或以端庄、低调、简约的浅色金属边框来勾勒出商务办公的魅力生活和独特气质。

立面设计

◯ 考虑到周边建筑的各式风格，以ARTDECO的建筑形式，可以凸显建筑在该区域的独特性，能从现代建筑群落中脱颖而出，ARTDECO的独特个性，体现建筑的尊贵和挺拔感，符合客户群体的品味和需求。石材，钢，玻璃幕墙的组合及细部的精挑细琢，赋予建筑的时代感和商务感。

◯ 建筑的选材方面采用符合时代气息的新材料，在建筑的低层，采用暖色调的干挂石材和银灰色的铝板直线条，建筑的高层区域则采用与底部色调一致的铝扣板和浅灰色镀膜玻璃，体现建筑的尊贵与沉稳。

大堂设计

○ 大堂设计中不仅注重商务办公的高品质、高档次、时尚形象塑造，还特别注重商务办公的实用性。首先商务大堂的入口设置得当，做到商业人流和办公人流的合理分流，做到车库入口和商业入口以及办公公寓入口的合理接驳。其次大堂中注重功能分区，设置合理的休息区域、等待区域和服务区域，电梯数量的设置严格区分服务梯和客梯的使用范围，准确计算电梯的数量。还特意针对建筑原有的小柱网进行特殊设计，强调竖向延伸和分隔的空间设计，让小柱网成为独特的高档大堂的加分元素，而不是高档大堂的限制因素。 功能分布

○ 1~4 层为商业，面积为 5716.05 ㎡；5~39 层为办公，面积为 65923.85 ㎡（其中 13 层、34 层为避难层）。将原有平面有进退关系的地方通过增加挑板，进行规整。内部原有的一些空洞因为内部分隔的重新划分，也通过增加楼板进行填平。并在核心筒附近增加了一些空中花园，使原本狭长的内走道实现自然通风。由于空调系统每户单独计量模式，每户相应增加了室外空调机位。

昆明·德润朗悦湾

创造看得到的崭新世界

TTR 万漪景观
Ten Thousand Ripple

万漪景观设计一直以来，致力于创造和谐共生的景观设计作品。我们从未停滞过对人性需求的了解，归纳总结人本精神的真谛，有最优秀的专业人士与您共建美好未来。这就是万漪景观设计——"创造看得到的崭新世界"。

☐ 城市设计 Urban Planning   ☐ 主题公园 Theme Park   ☐ 酒店及旅游度假 Resort Hotel
☐ 景观设计 Landscape Architecture ☐ 商业街景观 Commercial Street ☐ 居住区景观 Residential Landscape

网址：Http://www.ttrsz.com

电话：（+86）0755-82686901

邮箱：zhuc01@126.com ttr001@126.com

地址：深圳市福田保税区广兰道6号深装总大厦5楼

万达集团 / 德润地产 / 保利地产 / 世茂集团 / 华亚集团

中国联通 / 中国石油 / 京基地产 / 建发地产 / 观澜湖地产

德润地产 / 海信地产 / 中航地产 / 中信地产 / 恒大地产

宝龙地产 / 万科地产 / 华来利地产 / 普尔曼酒店集团等全国知名地产集团